"El Paradigma

¿O Cuento?

De la Evolución"

Una Investigación

Científico-Cristiana

Dios te bendiga y guarde
en Su Paz. Atte,

Julio A. Rodríguez
Ing. Químico
Ex-*ateo*

Este es un libro que toda persona debe leer

"El Paradigma ¿O Cuento? de la Evolución"
Por Julio A. Rodríguez

Impreso en los Estados Unidos de América
ISBN: 978-0-9779349-4-2
By Signs and Designs of Corona

Clasifíquese: Evolución, Ciencia, Creacionismo Temas Conflictivos, discipulado

www.editorialnuevavida.net

Datos del Autor:

Julio Alberto Rodríguez nació en la República Dominicana en el año 1955 y en el año 1978 fue graduado como Ingeniero Químico en la prestigiosa Pontificia Universidad Católica Madre y Maestra. Por más de 14 años fue ateo y en sus propias palabras nos dice:

> "Como yo no creía en la existencia de Dios, creía en la evolución; y busqué en el mundo de la ciencia las respuestas a la vida que mi corazón demandaba."
>
> "Durante algún tiempo estuve buscando conocer por qué las cosas suceden como suceden; por qué, por ejemplo, la luz del sol continúa brillando por tantos años sin agotarse; por qué existe la fuerza de la gravedad; la inmensidad del universo y la perfección del átomo, etc.
>
> Comencé a imaginar que quizás existiría algún tipo de **computadora** en el universo que controlaba todas las cosas y que diseñó la gravedad para evitar que estuvieran chocando los astros; pero luego venía la pregunta: ¿Quién diseñó y programó esa computadora? ¿Qué mente había detrás de tanta perfección en el universo?"

En este libro, y como resultado a intensas indagaciones sobre el tema de la evolución, el Ing. Julio Rodríguez expone sus conclusiones después de 30 años de terminar sus estudios universitarios y luego de innumerables experiencias de la vida.

Otro libro del mismo autor:

"El Eslabón Perdido – en la Teología"

Disponible también en inglés.

"The Missing Link – in Theology"

En el cual se analizan, entre otras, esta inquietud:

¿Cómo podemos saber el trato de Dios con cada persona, sin importar si es o no cristiano, si ha sido bueno o malo o si pertenece a esta u otra religión?

"El Eslabón Perdido -en la teología" es un libro que lo guiará hacia una gran verdad revelada en las Sagradas Escrituras y que normalmente se desestima y produce polémica aún en el mismo ámbito cristiano.

Léalo. Su discernimiento espiritual será iluminado.

Publicado en el año 2007, por Editorial Nueva Vida
53-21 37 Ave., Woodside, New York, USA.

www.editorialnuevavida.net

www.eleslabonperdido.com

Prólogo

He tenido la oportunidad de conocer el desarrollo en el ámbito intelectual y ministerial, del Ing. Julio Rodríguez. En el entorno laboral, también pude ver la disciplina y responsabilidad con la que se entregaba a las empresas e instituciones donde laboró, durante el ejercicio profesional.

Además he visto su continua búsqueda del conocimiento, participando en foros nacionales e internacionales, con el propósito de estar a la vanguardia de la tecnología, en su área; para de alguna manera contribuir al progreso y desarrollo del país que lo vio nacer, y retribuirle aunque sea en parte, toda la inversión que hizo en su formación moral y educacional.

No obstante, su vacío existencial no se satisfacía con el conocimiento y las buenas obras que hacía hasta que Cristo transformó su corazón, y su perspectiva de la vida y la razón de ser de toda cosa creada, cambió.

En este libro se les da respuesta a esas incógnitas que toda persona tiene en su formación como ser racional; y que el enemigo de las almas, utilizando subterfugios por todos los medios posibles, ha mantenido la humanidad desinformada, impidiendo que la verdad de Dios sobre la creación, llegue a cada ser humano.

Gracias doy a Dios que permitió que una persona con la capacidad investigativa del Ing. Julio Rodríguez se dispusiera para investigar sobre este mito de la evolución; y sé que todo lector sentirá paz en su corazón al leer este libro, porque nos responde científicamente, validando la palabra de Dios, aclarando las informaciones distorsionadas que reciben nuestros hijos en sus diferentes niveles de educación.

Este libro debe formar parte de la biblioteca de toda familia en el mundo, a fin de que la verdad de Dios resplandezca en cada hogar.

Rev. R.A. Benjamín Rodríguez L.
Ing. Agrónomo y doble hermano del autor

Dedicatoria

Con mucho amor dedico este libro a mi querida esposa, Leonor; a mis hijos Carolina y Julio Jr.; a mi padre, hermanos, nietos, familiares y amigos; de manera especial, a mis compañeros en el ministerio, consiervos, colaboradores, y a todos mis hermanos en la fe; y por sobre todo, lo dedico a mi Creador, quien me ha mostrado Su gracia, verdad y misericordia y amor.

Con todo respeto, hago extensiva esta obra a todas las personas que buscan conocer la verdad de la vida y no son sumisos en aceptar lo que otros quieran infundirles en sus mentes; sino que disciernen con sabiduría, los absurdos argumentos que corrompen el conocimiento.

Agradecimientos

A todas aquellas personas que mostraron su paciencia y amor cuando, de una u otra manera fueron heridas y afectadas por mis críticas y necios comentarios, cuando me burlaba de Dios y de todos los que creían en un "Ser Superior"; principalmente a mi madre, quien falleció sin poder darme su bendición porque yo le prohibí que mencionara la palabra "Dios" sobre mi vida;

A todos aquellos que me miraron con ojos de misericordia, al comprender el estado de ignorancia en que yo estaba; y sin embargo mantuvieron la esperanza que algún día yo pudiera discernir la verdad que ha sido velada al conocimiento científico;

A todos aquellos que han compartido conmigo algún momento de sus vidas; y me han enriquecido con su verdadera amistad.

"Cuando la sabiduría

entrare en tu corazón,

Y la ciencia fuere grata a tu alma, la discreción te guardará; Te preservará la inteligencia"

(Proverbios 2: 10-11. RV60*)*

Las palabras sabias sirven:

Para entender sabiduría y doctrina,
  Para conocer razones prudentes,

Para recibir el consejo de prudencia,
  Justicia, juicio y equidad;

Para dar sagacidad a los simples,
  Y a los jóvenes inteligencia y cordura.

Oirá el sabio, y aumentará el saber,
  Y el entendido adquirirá consejo.

(Proverbios 1: 2-5)

Introducción

Si hay un tema verdaderamente controversial y fascinante, que en algún momento de sus vidas afecta a todos los seres humanos, es el tema del origen del universo y de la vida.

Cada día se aumenta la cantidad de personas que piensan y se proclaman a sí mismos como los "voceros de los demás"; tanto entre los que defienden el creacionismo bíblico como los que son baluartes del evolucionismo darwinista.

En casi todos los países del mundo, grandes y pequeños, se ha estado hablando insistentemente de este tema y son muchos los funcionarios que se consideran responsables de definir la "verdad" (o por lo menos lo que, a su parecer, tiene menos mentiras o errores); y luego buscan la manera de imponer sus criterios a la sociedad a la cual sirven.

En la Biblia encontramos la siguiente declaración: *"Por la fe entendemos haber sido constituido el universo por la palabra de Dios, de modo que lo que se ve fue hecho de lo que no se veía"* Hebreos 11:3

Entonces, los que hoy en día hablan de razón y lógica como las únicas bases de conocimiento, dicen que como los asuntos de fe no se razonan no se pueden enseñar en las escuelas; sino que se les debe enseñar a los estudiantes nada más que hechos y ciencia; lo práctico, lo "real".

Sin embargo, al final se encuentran que aquello que afirmaban con tanta seguridad que era lógica y no fe, razón y no ilusión, ciencia y no ficción, irónicamente ha venido a requerir un grado de fe aún mayor que el nivel de fe que sostienen todos los religiosos del mundo; y para evitar el bochorno, le han cambiado los términos: No fue Dios que creó las cosas, dicen, sino que fue "la casualidad".

Dicen que "Nadie" hizo todo y que las leyes que existen en el cosmos y la naturaleza se dictaron solas (aunque dichas leyes sean tan estrictas y tan poderosamente establecidas por "ningún legislador", que nadie las puede violar)

Aún en este siglo 21 nos damos cuenta que esa "Nada" era tan sabia y poderosa, que aún con todas las supercomputadoras e increíble tecnología con que cuenta la humanidad, no podemos desenredar todo lo que ha hecho, si siquiera en la tierra; mucho menos en todo lo que nos falta por saber sobre los demás astros del sistema solar; y luego en nuestra galaxia; y después en los billones de galaxias que existen en el universo...

Ese "Nadie" que usó la "Casualidad" para que todo, de la nada, viniera a la existencia, es una burla a toda mente pensante que no quiere reconocer, por orgullo, sus limitaciones como ser diseñado y creado por el poder de alguien más (que hizo las cosas a Su manera y no nos pidió permiso para entrar a vivir en este mundo, ni nos pedirá permiso para sacarnos de él).

La evolución se convierte en otro dogma que hay que creer "por fe". Con solo decir que "todo sucedió así" y obligar a otros a creerlo, no se demuestra nada.

Creo que se está acercando el tiempo cuando todos los seres humanos tendremos acceso al conocimiento de la Absoluta Verdad; y que todo engaño, medio-verdades y mentiras, desaparecerán.

Esta modesta investigación busca contribuir de alguna manera, a acelerar la llegada de ese anhelado momento.

Contenido

Sabemos que estamos vivos, y nos preguntamos:

¿De dónde vino la vida?

¿Por qué y para qué vivimos?

¿Cómo empezó todo y cómo terminará?

Si el hombre muriere, ¿Volverá a vivir?

El Mal Existe

Hace algún tiempo, alguien me envió esta anécdota:

Alemania.

Inicio del siglo XX.

Durante una conferencia con varios universitarios, un profesor de la Universidad de Berlín propuso un desafío a sus alumnos con la siguiente pregunta:
- "¿Creó Dios todo lo que existe?
Un alumno respondió, valientemente:

- Sí, Él creó…

¿Dios realmente creó todo lo que existe? Preguntó nuevamente el maestro.

- Sí señor, respondió el joven.

El profesor respondió: "Si Dios creó todo lo que existe, ¡Entonces Dios hizo el mal, ya que el mal existe! Y si establecemos que nuestras obras son un reflejo de nosotros mismos, ¡Entonces Dios es malo!"
El joven se calló frente a la respuesta del maestro, que feliz, se regocijaba de haber probado, una vez más, que la fe era un mito.

Otro estudiante levantó la mano y dijo:

- ¿Puedo hacerle una pregunta, profesor?
- Lógico, fue la respuesta del profesor

El joven se paró y preguntó:

- Profesor, ¿El frío existe?
- Pero ¿qué pregunta es esa?... ¡Lógico que existe!, ¿O acaso nunca sentiste frío?

El muchacho respondió:
"En realidad, señor, el frío no existe. Según las leyes de la Física, lo que consideramos frío, en verdad es la ausencia de calor"

"Todo cuerpo u objeto es factible de estudio cuando posee o transmite energía; el calor es lo que hace que este cuerpo tenga o transmita energía"

"El cero absoluto es la ausencia total de calor; todos los cuerpos quedan inertes, incapaces de reaccionar, pero el frío no existe. Nosotros creamos esa definición para describir de qué manera nos sentimos cuando no tenemos calor"

Y, ¿existe la oscuridad? Continuó el estudiante.
El profesor respondió: "Existe"

El estudiante respondió:
"La oscuridad tampoco existe. La oscuridad, en realidad, es la ausencia de luz"

"La luz la podemos estudiar; ¡la oscuridad, no!"

"A través del prisma de Nichols, se puede descomponer la luz blanca en sus varios colores, con sus diferentes longitudes de ondas;
¡La oscuridad, no!"

... "¿Cómo se puede saber qué tan oscuro está un espacio determinado? Con base en la cantidad de luz presente en ese espacio"

“La oscuridad es una definición utilizada por el hombre para describir qué ocurre cuando hay ausencia de luz”

Finalmente, el joven preguntó al profesor:
Señor, ¿El mal existe?

El profesor respondió: “Como afirmé al inicio, vemos estupros, crímenes, violencia en todo el mundo. Esas cosas son del mal”

El estudiante respondió:
“El mal no existe, señor; o por lo menos no existe por sí mismo. El mal es simplemente la ausencia del bien…”

“De conformidad con los anteriores casos, el mal es una definición que el hombre inventó para describir la ausencia de Dios”

“Dios no creó el mal. El mal es el resultado de la ausencia de Dios en el corazón de los seres humanos”
“Es igual a lo que ocurre con el frío cuando no hay calor, o con la oscuridad cuando no hay luz”

El joven fue aplaudido de pie, y el maestro, moviendo la cabeza, permaneció en silencio…

El director de la universidad, se dirigió al joven estudiante y le preguntó:

¿Cuál es tu nombre?

- Me llamo, **ALBERT EINSTEIN.**

En mi caminar buscando la verdad sobre la evolución, he encontrado que la mejor manera de llamar al **paradigma de la evolución,** es como:

"El Cuento de la Evolución"

Y puedo percibir y declarar que...

Es el cuento que **más se burla** de la ciencia, la lógica y la razón.

- Se burla de toda mente que piensa y razona
- Se burla de toda lógica y sentido común
- Se burla de la perfección y del conocimiento científico
- Se burla del ser humano y de toda su sabiduría
- Se burla de la sinceridad; y
- Se burla de la fe, siendo fe y aparenta no serlo...

... ¡Se *Burla*!

En las próximas páginas usted verá informaciones a las que normalmente no se les da mucha importancia... pero que al conocerlas se nos cae un velo del entendimiento y podemos conocer la realidad de la vida.

Érase una vez...

En ningún lugar, antes que existieran el tiempo, el espacio, la materia, la energía, la sabiduría y el orden, que "algo" explotó...

[Nota importante: Aunque le identifico como un "Cuento", es una triste realidad que está afectando a miles de millones de personas En todo el mundo.]

Citas Célebres:

"Mi pueblo fue destruido
Porque le faltó conocimiento"
Dice **Dios** en Oseas 4:6[1]

"Un poco de información científica le aleja a uno de Dios; pero mucha información científica, le acerca"
Dijo Luis Pasteur, a mediados del siglo XIX

"La ignorancia mata a los pueblos; es preciso matar a la ignorancia", dijo José Martí a finales del siglo XIX.

"No hay más ciego que aquel que no quiere ver"
- Sabiduría Popular-

"Hay personas que dicen o escuchan tantas veces una mentira, que llegan a creer que es verdad"
– Sabiduría Popular-

Mi experiencia como ateo

Como la mayoría de las personas, yo creía en Dios en mi niñez; pero en mi adolescencia, mientras cursaba estudios en la universidad y después de estudiar la materia de Filosofía, dejé de creer en Dios en el año 1974.

Podía ver con asombro cómo era de amplia la manera de pensar de los grandes filósofos; y sin embargo, ¡cuántas contradicciones tenían entre unos y otros!

Esto trajo gran frustración a mi vida. Comencé a ver la vida como un engaño; como si todo el mundo te quisiera engañar y aprovechar de ti, por lo que también dejé de confiar en las personas.

Por más de 14 años fui ATEO. No solamente no creía en Dios, sino que me burlaba de los que me hablaban de Dios y discutía duramente con ellos.
Yo odiaba que me mencionaran la palabra Dios y me enojaba fuertemente con el que lo hiciera.

Yo decía que Dios era:

> "**Un mito** creado por mentes débiles e ignorantes que tenía como propósito, además de hacer que las personas fueran buenos ciudadanos, confortar a aquellos infelices que por su falta de competencia o preparación, enfrentaban el fracaso de sus vidas con la vana ilusión de que después de la muerte, entonces vivirían bien"

Sin embargo, me preguntaba ¿Quién le dio al hombre el entendimiento para realizar los procesos químicos y mejorar el estilo de vida de la humanidad?

¿Cómo es que existen las leyes de la gravedad, inercia y otras leyes en la naturaleza?

¿Cómo es que los planetas pudieron estar precisamente a la distancia perfecta del sol y entre unos y otros, para que en la tierra pueda haber vida?

¿Cómo pudo iniciarse la vida a partir de cosas inertes, cuando está comprobado una y otra vez que una vida proviene de otra vida; no de algo muerto?

¿Qué fue primero, el huevo o la gallina?

Yo volví a creer en Dios en el año 1988; pero no fue sino hasta el año 2008, **34 años después,** que pude entender **el motivo** por el cual yo me volví ateo:

Dios me mostró que yo me volví ateo tan fácilmente porque en la escuela y luego en la universidad, inconscientemente, había sido ***indoctrinado*** con la "teoría" de la evolución.

No nos damos cuenta de esto: Enviamos a nuestros hijos a las escuelas para que estudien, aprendan y se preparen para enfrentar con éxito los retos de la vida; y lo que menos esperamos es que se encontrarán con todo un sistema establecido el cual, usando términos "impresionantes" y bien planeados, está empeñado en cambiarles los valores familiares y morales que les hemos enseñado.

Luego decimos que nuestros hijos "se volvieron rebeldes", cuando lo único que están haciendo es responder sinceramente de acuerdo a la indoctrinación recibida en las escuelas, la cual es reforzada al estudiar biología en la universidad.

Es sorprendente la manera como la evolución convierte en ateos a las personas.

Por eso vemos que, así como los cristianos celebran el nacimiento de Jesucristo, los ateos celebran el nacimiento de Darwin.

Tengo conmigo un reportaje publicado el día 24 de febrero del año 2008 por un periódico del estado de la Florida, Estados Unidos[2], donde informa que "más de 200 ateos se reunirían en el "Fern Forest Nature Preserve" en la localidad de Coconut Creek, para celebrar en cumpleaños de Darwin en un festival internacional".

Según el reportaje, un ateo de 40 años dijo: *"Es tiempo de que las personas que están a favor de la razón y de la ciencia se dejen oír"; y "La sociedad civil no debiera estar organizada alrededor de creencias personales"*

Por otro lado, en dicho artículo se informa que el presidente de los ateos del condado de Broward y co-patrocinador del "Día de Darwin" dijo:

"muchos aspectos de la ciencia están bajo ataques"; y que "él está dispuesto a hablar - hasta que los temas de diseño inteligente, aborto y las investigaciones con

células madres (stem-cells), ya no sean sujetos de discusión nunca más-"

Es muy importante que las personas expresen su sentir sobre los diferentes temas que afectan la sociedad.

Solo que las cosas a veces se tornan más violentas y los diálogos más agresivos.

Según reportado en el periódico "WorldNetDaily" el día 19 de febrero del 2008, cuando en el estado de la Florida, EUA, se realizaban audiencias públicas para que las personas expresaran sus opiniones sobre el tema de la evolución en las escuelas[3], una persona escribió en un foro, lo siguiente:

> *"Ustedes fanáticos religiosos nos hacen lucir como tontos atrasados para el resto del mundo. Asia nos va a superar en ciencia y tecnología. Ustedes le están haciendo un daño a los Estados Unidos peor que cualquier terrorista o régimen comunista. Sus estúpidos mitos medievales no pertenecen a nuestros salones de clases. Vayan a sus mega-iglesias, y en sus cultos derramen toda su ignorancia. Dejen a nuestros hijos en paz. ¡La EVOLUCION es REAL – La Biblia es un MITO!"*

Más de treinta años atrás yo hubiera aplaudido a esa persona, porque también mis comentarios eran muy semejantes a los suyos.

Sin embargo, hoy sé algo que en aquel entonces no sabía:

- Que la Biblia tiene una definición muy particular para los ateos:
    - *"Dice el NECIO en su corazón: No hay Dios"* (Salmo 14:1)

- Que el Señor Jesucristo había dicho:
    - *"Si vosotros permaneciereis en mi palabra, seréis verdaderamente mis discípulos, y conoceréis la verdad, y la verdad os hará libres"* (Juan 8: 31-32)

Sucedió entonces, con el transcurso de los años y al revisar los resultados de muchas investigaciones científicas que honestamente se han hecho, que ahora estoy plenamente convencido de que:

El verdadero **mito** de todos los siglos Es el concepto de la **evolución**…

> …Que dice que el universo se formó por sí solo (de la nada) sin que ninguna mente superior pueda estar detrás de tanta perfección; y que ha venido evolucionando (desarrollándose) por millones de años, por pura casualidad.

Pero surge esta inquietud:

Si **la ciencia verifica** (como lo hace, aunque no lo quieren reconocer) que **la evolución NO es posible,**

- ¿Por qué muchos científicos no quieren creer lo que están comprobando en sus propios experimentos?

- ¿Por qué les es tan difícil creer en la existencia del eterno Dios todopoderoso, que creó y sostiene los cielos y la tierra por la Palabra de Su poder, como nos lo dice la Biblia en Hebreos 1:2-3?

Todos sabemos que, dependiendo de la fuente de la cual aprendamos, será determinado nuestro entendimiento y nuestro **comportamiento**.

Como dice el adagio popular: "Dime lo que crees y te diré quién eres"; o como lo dice la Biblia: *"Porque cual es su pensamiento en su corazón, tal es él"* (Proverbios 23:7)

Tomemos consciencia de esto: TODOS debemos aceptar y creer una de las dos respuestas, a la pregunta: ¿Existe un Creador; Sí o No?

Se nos presenta entonces esta disyuntiva:

¿A quién le creeremos? ¿A la Biblia, o a Charles Darwin?

(Para saber por qué hago la comparación solamente con la Biblia y no con ningún otro libro, por favor lea en el **Apéndice 1**, las notas sobre la singularidad de la Biblia)

El testimonio De los

Dinosaurios 4

Las figuras de dinosaurios han invadido nuestra generación. Abundan en los programas de TV para niños, en los artículos que regalamos, en películas y caricaturas infantiles, en los museos de historia; y para colmo, en la escuela usan los dinosaurios como "Evidencia", no de que existieron; sino de que La evolución es real y la creación, un mito.

Normalmente tratan de confundir a niños y adultos al pedirles que "les muestren dónde la Biblia menciona a los dinosaurios".

Con esto quieren dar a entender que la Biblia niega que existieron, pero que los fósiles declaran lo contrario; sin embargo, vemos que **la Biblia habla de los dinosaurios** miles de años antes de que los hombres usaran ese nombre (ya que la palabra "Dinosaurio" ha sido usada solamente en los últimos 200 años); y además los menciona **contemporáneos con los seres humanos** (no millones de años antes de que vivieran los hombres en la tierra como lo define la evolución)

La palabra **dinosaurio** es un cultismo acuñado por el zoólogo británico Richard Owen (1804-1892) usando las palabras griegas δεινος, (*deinos* = terrible) y σαυρος (*sauros* = lagarto); O sea **"lagartos terribles".**

La Biblia, en lugar de "dinosaurio", menciona las palabras:

- Dragón
- Monstruo
- Leviatán
- Behemot

Veamos algunos ejemplos...

- "Y creó Dios los grandes **monstruos** marinos" (Génesis 1:21)

- Alabad a Jehová desde la tierra, los monstruos marinos... (Salmos 148:7)

- En aquel día Jehová castigará con su espada dura, grande y fuerte al **leviatán** serpiente veloz, y al leviatán serpiente tortuosa; y matará al **dragón** que está en el mar (Isaías 27:1)

- "Dividiste el mar con tu poder; quebrantaste cabezas de **monstruos** en las aguas. Magullaste las cabezas del **leviatán**, Y lo diste por comida a los moradores del desierto" (Salmos 74: 13-14)

- "He allí el grande y anchuroso mar, en donde se mueven seres innumerables, seres pequeños y grandes. Allí andan las naves; Allí este **leviatán** que hiciste para que jugase en él" (Salmo 104: 24-26)

- "He aquí ahora **behemot**, el cual hice como a ti; Hierba come como buey. He aquí ahora que su fuerza está en sus lomos, Y su vigor en los músculos de su vientre. **Su cola mueve como un cedro...**"
  (Job 40: 15-18 NVI)

- **"**Es un **monstruo** que a nada teme; nada hay en el mundo que se le parezca." (Job 41:33 NVI)

- "¿Puedes pescar a **Leviatán** con un anzuelo, o atarle la lengua con una cuerda? ¿Puedes atravesarle la piel con lanzas, o la cabeza con arpones?"
  (Job 41: 1,7 NVI)

Si desea, puede leer otras características de los dinosaurios, en los restantes versículos del capítulo 41 del libro de Job, en la Biblia.

¿Evolución o Creación?

-El debate de los siglos[5] -

Jesús dijo:

"Dad, pues, a César lo que es de César,
y a Dios lo que es de Dios"

(Mateo 22:21)

En la Biblia también se nos dice:

"Pagad a todos lo que debéis: al que tributo, tributo; al que impuesto, impuesto; al que respeto, respeto; al que honra, honra" (Romanos 13:7)

Si en verdad razonamos y somos sinceros, todos creemos que todo diseño tiene un diseñador; y que mientras más complejo sea el diseño, ¡más inteligente tiene que ser el diseñador!

¿Qué pensarían de ti las personas que han **diseñado** y **construido** el Gran Colisionador de Hadrones (LHC), si les dijeras que se ha construido SOLO a partir de NADA y por CASUALIDAD?[6]

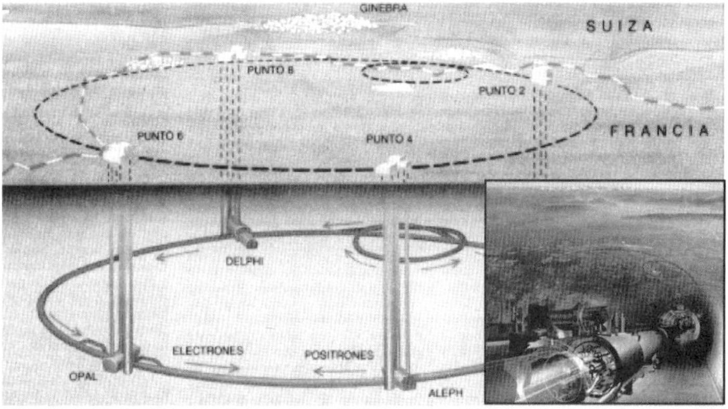

El Gran Colisionador de Hadrones está situado en un túnel bajo tierra entre la frontera de Francia y Suiza; y es el acelerador de partículas más grande y potente del mundo.

> [Un hadrón es una partícula subatómica que experimenta la fuerza nuclear. Estas no son partículas fundamentales, y están compuestas de: fermiones llamados quarks y antiquarks, y de bosones llamados gluones. Los gluones actúan de intermediarios para la fuerza de color que une a los quarks entre sí]

Se diseñó para hacer colisionar haces de protones de 7 Tev de energía; y tiene como propósito principal examinar la validez y los límites del modelo estándar de la física de partículas, marco teórico actual de la física de partículas

Más de dos mil físicos de 34 países, de cientos de universidades y laboratorios han participado en su desarrollo y construcción.

Este "aparato" consiste en un enorme anillo de imanes donde millones de protones recorrerán **27 kilómetros** en un sólo sentido.

Construido por el hombre, es una gran obra de ingeniería en la que participan científicos de todo el mundo.

El experimento, primero en su tipo en la historia de la humanidad, se espera que pueda permitir conocer nuevos antecedentes sobre la creación del universo y entregar novedosas formas de generación de energía, y solución para mortales enfermedades como el cáncer, que podría ser tratado por medio de protones eliminadores de células cancerígenas.

Otro objetivo que tienen los científicos al construir el Gran Colisionador de Hadrones, es "explorar el comportamiento de la materia en tiempos cada vez más cercanos al ***Big Bang***"

"Uno de los objetivos es encontrar el *Bosón de Higgs*, la última partícula que falta por descubrir en la teoría actualmente aceptada, llamada Modelo Standard y así recrear las primeras trillonésimas de segundo transcurridas tras la Gran Explosión que dio origen al universo"

El aparato costó casi **US$10,000 millones** y está diseñado para hacer chocar partículas con una fuerza cataclísmica y revelar señales de una nueva física tras el impacto"

Te pregunto además:

¿Qué crees que pensaría de ti si le dijeras que se ha construido **SOLO** a partir de **NADA** y por CASUALIDAD a la persona que ha diseñado, creado y sostiene esto…?

Pongamos en perspectiva el dilema:

Por un lado, la Biblia dice que DIOS es el Creador del cielo *y* de la Tierra:

- *"En el principio creó Dios los cielos y la tierra."* **(Gén 1:1)**

- *"Y creó Dios al hombre a su imagen, a imagen de Dios lo creó; varón y hembra los creó"* **(Gén 1:27)**

Así dice Dios:

- *"Antes que hubiera día, Yo era"* **(Is. 43:13)**

- *"Yo hice la tierra, y creé sobre ella al hombre. Yo, mis manos, extendieron los cielos, y a todo su ejército mandé"* **(Is. 45:12)**

Por otro lado en las escuelas, declarando que usan la lógica y la razón, enseñan a nuestros hijos que:

El Universo no empezó hace unos pocos miles de años, como declaran los religiosos; sino que se originó hace 14 mil millones de años, en una gran explosión o "Big Bang", y que durante las primeras fracciones de segundo el Universo era **tan infinitamente pequeño y denso**, que el espacio y el tiempo no existían; y que de repente la materia apareció en el universo a causa de dicha explosión.

Aseguran y enseñan[7] en su *teoría* (mejor sería llamarle *"el cuento"*) del Big Bang supone que toda la materia, así como el espacio y la energía (además del tiempo) estuvieron en un comienzo, concentrados en un mismo punto, tan pequeño y denso, que para poder estudiarlo es necesario formular una "teoría cuántica de la gravedad".

Dicha singularidad fue bautizada como "huevo cósmico" por Gamow o "átomo primitivo" por Lemaître.

De igual forma, dicen, se estima que la **temperatura** de "eso" que explotó debió alcanzar unos **100 mil millones de grados Celsius** *-más de 180 mil millones de grados Farenheits-* (En tales condiciones, ni siquiera pueden existir los átomos como los define la química) Y que su **densidad** debió ser inimaginablemente Grande (casi infinita)

Luego de explotar, dicen, a medida que ***"eso"*** se alejaba en todas direcciones (aunque no existía el espacio), la energía fue transformándose lentamente en materia y en un instante nacieron: ¡El espacio y el tiempo!

Y dicen entonces, que el *espacio se expandió y se enfrió*, y comenzó la formación de átomos, estrellas, planetas y galaxias

Enseñan además (o más bien "**Indoctrinan**" diciendo) que: **"La evolución biológica**, propuesta por Charles Darwin, es correcta para explicar los procesos de la vida[8]; y que realmente las especies se transforman por medio de procesos continuos, evolucionando a través de cambios producidos en sucesivas generaciones…"

Dicen además: "...Este **grado de certeza** que **va más allá** de toda duda razonable, es lo que señalan los biólogos cuando afirman que la evolución es un hecho..."

También, osadamente, se atreven a asegurar que:

"...El origen evolutivo de los organismos es hoy una conclusión científica establecida con un **grado de certeza** comparable a otros conceptos científicos ciertos, como

- la redondez de la tierra,
- la composición molecular de la materia
- o el movimiento de los planetas"

Y para colmo, al estudiar la materia de Biología en la universidad, se nos dice que *"el concepto de la evolución es la **piedra angular** de la Biología, porque vincula todos los campos de las ciencias de la vida en un cuerpo de conocimiento unificado"*[9]

Pero...

¿Sabemos **R e a l m e n t e** *DE QUÉ se está hablando?*

¿Nos hemos preguntado qué tan grande es el universo, de qué está compuesto, cuánta es la cantidad y diversidad de materia que existe; y cómo logró ponerse en orden?

Veamos algunos datos científicos:

El tamaño del universo es **Inimaginable**

A la velocidad de la luz (300, 000 Kms/ seg.) tardaríamos 30,000 millones de años para ir de un extremo del universo, al otro.

Los astrónomos asumen que el universo está compuesto de aproximadamente 100 mil millones de Galaxias, y cada galaxia tiene entre 100 y 1000 millones de estrellas

Las distancias entre las galaxias son enormes.

La galaxia Andrómeda es una de nuestras vecinas y se encuentra a 2,2 millones de años-luz; y la distancia a la estrella más cercana al Sol (La "Próxima Centauri") es de 4,3 años-luz (equivalentes a 40 billones de kilómetros)

> [El año luz es una unidad de distancia (y no de tiempo) la cual es empleada en astronomía para medir grandes distancias.
>
> Es igual a la distancia recorrida por la luz en un año, a una velocidad de 300.000 kms/seg.

Un año luz equivale entonces a: 9, 461, 000, 000.000 kms (Más de 9 Billones de kilómetros).

Ningún objeto material puede viajar más rápido que la luz]

Así, siendo la distancia entre el sol y la tierra de casi 150 millones de kilómetros, la luz del sol recorre esa distancia en unos 8 minutos

He aquí otros datos interesantes sobre el sol:

- Circunda el centro de la galaxia a una velocidad de 220 kilómetros por segundo

- Es tan grande que en su volumen cabe la Tierra 1.200.000 veces (al mismo tiempo, es una de las estrellas más pequeñas del universo)

- En el centro del Sol se consumen, por fusión nuclear, 700 millones de toneladas de hidrógeno cada segundo produciendo la energía necesaria para mantener la vida sobre la Tierra.

Nuestro sistema solar se encuentra en el brazo de una galaxia espiral llamada LA VÍA LÁCTEA a una distancia de 30.000 años-luz de su centro.

Nuestra galaxia, la Vía Láctea, tiene 100,000 años luz de diámetro (Y, aunque tiene unas 100 millones de estrellas, es una de las galaxias más pequeñas del universo)

La manera como los científicos han podido estudiar el cosmos, es por medio de **telescopios.**

Se denomina **telescopio**[10], a cualquier herramienta o instrumento óptico que permite ver objetos lejanos con mucho más detalle que a simple vista.

Es herramienta fundamental de la astronomía y cada desarrollo o perfeccionamiento del telescopio ha sido seguido de avances en nuestra comprensión del universo.

Gracias al telescopio, hemos podido descubrir muchos aspectos de las estrellas y de otros astros. Así, lo que a simple vista parece un punto blanco en medio de la noche, visto a través de un telescopio adquiere color y mayor detalle.

El Telescopio Hubble[11]

El **Telescopio espacial Hubble** (**HST** por las siglas en inglés) es un telescopio robótico localizado en los bordes exteriores de la atmósfera, en órbita circular alrededor de la Tierra a 593 kms sobre el nivel del mar, con un periodo orbital entre 96 y 97 min.

Denominado de esa forma en honor de Edwin Hubble, fue puesto en órbita el 24 de abril de 1990 como un proyecto conjunto de la NASA y de la ESA inaugurando el programa de Grandes Observatorios.

El telescopio puede obtener imágenes con una resolución óptica mayor de 0,1 segundos de arco.

La ventaja de disponer de un telescopio más allá de la atmósfera radica, principalmente, en que de esta manera se pueden eliminar los efectos de la turbulencia atmosférica, siendo posible alcanzar el límite de difracción como resolución óptica del instrumento.

Además, la atmósfera absorbe fuertemente la radiación electromagnética en ciertas longitudes de onda, especialmente en el infrarrojo, disminuyendo la calidad de las imágenes e imposibilitando la adquisición de espectros en ciertas bandas caracterizadas por la absorción de la atmósfera terrestre.

Los telescopios terrestres se ven también afectados por factores meteorológicos (presencia de nubes) y la contaminación lumínica ocasionada por los grandes asentamientos urbanos, lo que reduce las posibilidades de ubicación de telescopios terrestres.

El Telescopio Espacial Hubble ha sido uno de los proyectos que, sin duda, más han contribuido al descubrimiento espacial y desarrollo tecnológico de toda la Historia de la Humanidad. Gran parte del conocimiento científico del que los estudiosos disponen del espacio interestelar se debe al Telescopio Hubble.

Vista ultra-profunda del Cosmos

En el año 2008, el telescopio Hubble ha cumplido 18 años de misión y acaba de realizar su órbita número 100,000.

Una de las maravillas que ha encontrado es lo que se llama la **Vista ultra-profunda del Cosmos,** en la sección más profunda que puede analizar; y allí localizó cerca de 10.000 galaxias.

El hacer esas observaciones le tomó 400 órbitas alrededor de la tierra, desde septiembre 2003 hasta enero 2004.

El observatorio en órbita recogió un fotón de luz por minuto de los objetos más débiles.

> [**fotón** *s. m.* Partícula elemental que se considera la mínima fracción posible de luz]. Diccionario Manual de la Lengua Española Vox.© 2007 Larousse Editorial, S.L.

Normalmente, el telescopio recoge millones de fotones por minuto de galaxias próximas.

Se estima que el cielo entero contiene 12.7 millones de veces más área que la que el telescopio detectó en el campo ultra profundo.

Observar el cielo entero tomaría casi 1 millón de años de continua observación.

¡Con todo lo que estamos viendo, aún quieren que creamos que toda la energía existente en el Universo estaba concentrada en un punto más pequeño que un átomo!

(Usted tiene mente

Y puede razonar)

¡Juzgue usted!

Conozcamos entonces
Lo que algunas personas
Muy importantes
Han opinado sobre este tema...

El Papa Pío XII, en el año 1952, en **la encíclica** ***Humani generis (AAS 42 [1950], p. 575), dijo:***

"Teniendo en cuenta el estado de las investigaciones científicas y también las exigencias propias de la teología, consideraba la doctrina del «evolucionismo» como una hipótesis seria, digna de una investigación y de una reflexión profundas, al igual que la hipótesis opuesta"

El 22 de octubre de 1996, el **Papa Juan Pablo II**, en un discurso pronunciado ante la Academia Pontificia de Ciencias en Roma, dijo que: "le parecía válida la teoría de la evolución, con sus mecanismos de selección natural y adaptaciones hereditarias, en el proceso evolutivo del hombre y otras especies."

10 Años más tarde, su sucesor el **Papa Benedicto XVI** tachó de «irracional» la teoría de la evolución En contra de la doctrina marcada por su antecesor Juan Pablo II; y afirmó que «el origen está en Dios».

En un reportaje publicado por EFE, se nos dice que:

> "El papa Benedicto XVI denunció en Ratisbona que una parte de los científicos se empeñan en demostrar que Dios es "inútil" para el hombre y afirmó que la teoría de la evolución es irracional, que el ateísmo moderno nace del miedo a Dios y que el odio y el fanatismo destruyen la imagen de Dios" (EFE. 12.09.2006 - 19:28h)[12]
>
> "El Papa hizo estas manifestaciones **ante** decenas de **miles de personas**, unas 250.000 según fuentes de los organizadores, que asistieron en las afueras de Ratisbona a la misa que ofició en su primer día de

estancia en esta ciudad de Baviera en cuya universidad enseñó dogmática."

El Papa Benedicto XVI dijo además[13]:

"Sólo cuando encontramos en Cristo al Dios vivo, conocemos lo que es la vida... No somos el producto casual y sin sentido de la evolución"

Otra noticia de actualidad: "Obama defiende la enseñanza de la teoría de la evolución en las escuelas" Londres, 24 sep 2008 (EFE).-[14]

El aspirante demócrata a la presidencia de Estados Unidos, **Barack Obama**, defiende la enseñanza de la teoría de la evolución en las escuelas públicas de su país y considera que "**no debería confundirse** a los estudiantes con otras **hipótesis no científicas".**

Otra noticia:
"Bush recomienda que se enseñe en la escuela que Dios creó al hombre" [15]
Gerardo Lissardy. WASHINGTON. ESPECIAL PARA CLARIN

"Según el presidente, los alumnos deberían aprender la "teoría del diseño inteligente", que establece que en el inicio de la vida debe haber intervenido un creador. Cuestiona así la teoría de la evolución. El **presidente George Bush** se sumó esta semana a un creciente debate en EE.UU**. al apoyar la enseñanza escolar** de una visión sobre el origen de la vida que se basa en **creencias religiosas** y cuestiona la teoría de la evolución de Charles Darwin".

Por otro lado, **Ronald Reagan**, en 1980, durante su campaña presidencial, decía: "Si se enseña evolución en las escuelas públicas, entonces habrá que enseñar también la historia bíblica de la creación" [16]

Luis Pasteur (1822-1895)[17]

Científico francés que inventó el proceso de pasteurización de la leche y las vacunas contra el ántrax, el cólera aviar y la rabia; y fue decano de la Facultad de Ciencias de la Universidad de Lille, dijo:

> "Entre más estudio la naturaleza, más me siento maravillado por la obra del Creador"
>
> "Dios ha puesto en las criaturas más pequeñas propiedades extraordinarias con las que pueden destruir la materia que ha muerto."

Pasteur dijo además: "Un poco de información científica le **aleja** a uno de Dios, pero mucha información científica, le **acerca**"

En 1972 el Consejo de Educación del estado de California, EE.UU., le pidió a **Wer-ner von Braun,** director de la NASA y padre del programa espacial norteamericano, que expusiera su parecer acerca del origen del universo, de la vida y del hombre[18].

En su respuesta, él dijo:

> "Cualquiera que observe la ley y el orden que existen en el universo no puede menos que concluir que tiene que haber un diseño y un propósito detrás de todo ello."

> "Nos sentimos insignificantes frente a las poderosas fuerzas que obran en escala galáctica y ante el ordenado designio de la naturaleza que dota a una pequeña semilla, de aspecto ordinario, de la capacidad de convertirse en una hermosa flor."

Louis Bounoure, profesor de biología en la Universidad de Estrasburgo y director del museo de zoología de la misma ciudad[19], afirma:

> "La evolución es un cuento de hadas para los mayorcitos. Esta teoría no ha contribuido para nada al progreso de la ciencia. No sirve para nada"

Paul Lemoine (1878-1940), director del Museo de Historia Natural de París, presidente de la Sociedad de Geología de Francia y director de la Encyclopedie Francaise, dijo[20]:

> "En realidad las teorías de la evolución, con las cuales han sido engañados nuestros jóvenes estudiantes, constituyen un dogma que enseña todo el mundo; Pero cada uno, según su especialidad, el zoólogo o el botánico, comprueba que ninguna de las explicaciones que se dan es adecuada."

> "La teoría de la evolución es imposible. A pesar de las apariencias, en el fondo nadie cree ya en ella. La evolución es una clase de dogma en el cual los sacerdotes ya no creen, pero lo conservan para sus fieles"

Tengo en mis manos un artículo muy interesante, titulado: **"Mazur: Altenberg! The Woodstock of Evolution?"**[21] escrito por Suzan Mazur, una de las más prestigiosas periodistas experta en temas de la evolución; y cuyos trabajos de investigación han sido publicados en muchos e importantes medios de comunicación masiva.

En su artículo, Mazur entrevista a 16 reconocidos biólogos y filósofos evolucionistas; los cuales se han reunido en el mes de julio del año 2008 en Austria para analizar las maneras en que podrían enunciar lo que sería la "Síntesis Evolucionaria Extendida".

Estos grandes científicos de altura profesional muy reconocida, decidieron reunirse en lo que llamaron "The Altenberg 16" (el grupo "Altenberg 16"), porque la teoría de la evolución, como actualmente se enseña, dicen que tiene muchas deficiencias.

Ellos reconocen que" "La teoría de la evolución, la cual la mayoría de los biólogos practicantes aceptan y de la manera en que es enseñada en las escuelas de hoy en día, **es inadecuada para explicar nuestra existencia**. Es anterior al descubrimiento del DNA, queda corta al explicar la forma del cuerpo; y además, no se acomoda a "otros" fenómenos".

Dentro de los argumentos están los siguientes:

El científico Stanley Salthe dijo: "...resumiendo todo, podemos ver que la teoría Darwiniana de la evolución es simplemente inexplicable de arriba abajo. Lo que evolucione es solamente lo que tenía que pasar"

Por otro lado, el científico Stuart Kauffman dice: "Darwin no explica cómo empezó la vida, sino que parte de la vida. Él no te lleva al origen de la vida"

Michael Lynch, científico y autor del libro "Los orígenes de la arquitectura del genoma" ha dicho: "Todo el mundo está batallando alrededor de estos términos por su complejidad, evolucionabilidad, robustez; y argumentando que necesitamos una nueva teoría para explicar todo. Yo no lo veo así".

Dijo además que "él cree que el gran reto es conectar la evolución al nivel del genoma, con el desarrollo de las células y un nivel fenotípico más amplio"

Son palabras expresadas por científicos evolucionistas que son sinceros en reconocer que la teoría de Darwin es una falacia (aunque siguen creyendo todavía que el universo existe por casualidad y no por creación)

Antonio Pardo, en su obra investigativa: "EL ORIGEN DE LA VIDA Y LA EVOLUCIÓN DE LAS ESPECIES: CIENCIA E NTERPRETACIONES" [22] nos dice:

"...podemos decir que, desde el punto de vista científico, el darwinismo está equivocado al atribuir a la selección natural la desaparición de las especies, pues extrapola cuestiones particulares a un plano general, y este paso es metodológicamente incorrecto: la selección natural, entendida como proceso global que regula la evolución, no existe."

“Sin embargo, tiene razón al afirmar que la ciencia no puede hablar de grados de perfección o de ascenso evolutivo en la escala del ser, y que sería erróneo traducir directamente la sucesión evolutiva como grados de perfección más elevados.”

“Por último, comete un error (muchas veces intencionado e ideológico) cuando afirma que la evolución no tiene finalidad ni muestra progreso: en la evolución hay finalidad pero, dado que las extinciones son azarosas, ésta no se puede fundamentar en una inexistente «selección natural»; se fundamenta más bien en las causas que dan origen a las nuevas especies de seres vivos, que son direccionales; el darwinismo nunca ha intentado explicar el origen de los seres vivos, que atribuye al azar.” (Página 568)

Y declara también: “Afortunadamente, el darwinismo es científicamente falso, pues lo es una de sus tesis básicas, la selección natural, por lo que no estamos atados a admitir que la evolución sucede por cambios suaves de una población en su conjunto. Aceptemos la realidad observada: como hemos mencionado anteriormente, está suficientemente comprobado que los cambios de especie son netos y aparecen de modo brusco, no sabemos todavía muy bien cómo.” (Página 570)

Veamos un poco de lo que dice Darwin...

Charles Darwin[23](1809-1882).

Considerado como el científico evolucionista más importante del siglo XIX, estudio en las universidades de Edimburgo y Cambridge en Inglaterra

En el año 1859, Darwin publicó el libro "*El origen de las especie*", en el que enuncia su teoría de lo que él llama: "El proceso de "selección natural". El enseñaba que las variaciones que existen entre los individuos muestran que *"la naturaleza selecciona las especies mejor adaptadas para sobrevivir y reproducirse.*

También dijo que: "Las variaciones genéticas que producen el incremento de probabilidades de supervivencia son **azarosas** y no son provocadas ni por **Dios** (como pensaban los religiosos) ni por la tendencia de los organismos a buscar la perfección (como proponía Jean-Baptiste Lamarck (1744-1829)"

Algunos puntos clave de la selección natural son[24]:

1. Los individuos de una población varían en su forma, función y comportamiento. Gran parte de esas variaciones son hereditarias; pueden transmitirse de padres a hijos;

2. Algunas formas de las características hereditarias son más adaptativas a las condiciones predominantes. Mejoran las oportunidades de sobrevivencia y de reproducción del individuo, y lo ayudan a obtener alimentos, aparearse, ocultarse, entre otros aspectos.

3. La selección natural es el resultado de las diferencias de la supervivencia y reproducción entre los individuos de una generación dada.

4. La selección natural conduce a una mejor adaptación a las condiciones predominantes del medio ambiente. Las formas adaptativas de las características tienden a hacerse más comunes que las otras formas. De este modo, las características de la población cambian y evolucionan.

(Ver en el Apéndice #3, una breve biografía de Charles Darwin y otras informaciones relevantes)

Sin embargo,

Cuando llevamos su teoría a ser confrontada con la ciencia, encontramos muchas sorpresas.

Y esto es lo que precisamente haremos…

Por ejemplo, ¿Sabías que, según las leyes de la probabilidad, es IMPOSIBLE que se haya dado la evolución?

[Matemáticamente, **10ee50:1** *(10 elevado a la potencia 50, a 1)* significa **imposible**]

25

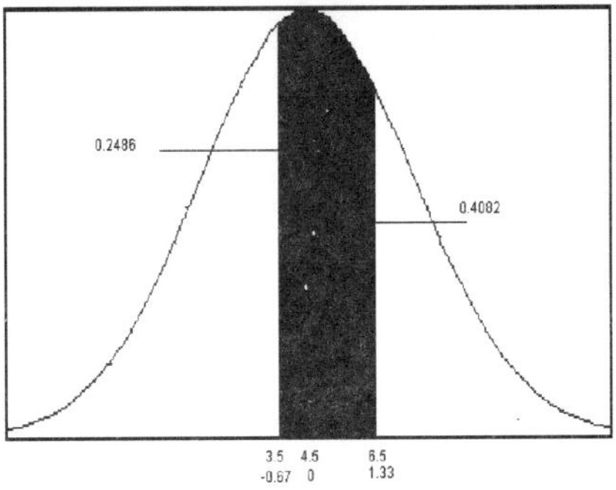

Un químico calculó las inmensas probabilidades en contra que existían para que los aminoácidos se llegaran a combinar para formar las proteínas necesarias por medios *"no dirigidos"*.

Él calculó que la probabilidad en contra de que se formara aun **la más *pequeña* proteína** era de más de 10 a la 67ava potencia a 1 (10ee67:1) contando con el tiempo y la casualidad, en una mezcla ideal de químicos, en una atmósfera ideal, dándole hasta 100 mil millones de años (una edad 10 a 20 veces mayor que la que se supone tiene la Tierra).

Generalmente los matemáticos concuerdan en que, estadísticamente, más allá de 1 en 10 a la 50ava potencia (1:1050)[26] no hay probabilidad de que alguna vez ocurra algo así ("¡Y aún eso le otorga el beneficio de la duda!")

Contando con el tiempo y la casualidad, en una mezcla ideal de químicos, en una atmósfera ideal, dándole hasta 100 mil millones de años, fue calculada[27] la inmensa probabilidad que existía en contra, para que los aminoácidos se llegaran a combinar para formar las proteínas necesarias por medios *"no dirigidos"*;

Y la probabilidad en contra de que se formara aun la más *pequeña* proteína era de más de 10 a la 67ava potencia, a 1 (10ee67:1)

[10 a la 67th = 10,000,000,000,000,000,000,000, 000,000,000,000,000,000,000,000, 000,000,000,000,000,000,000]

Dos conocidos científicos[28] calcularon las probabilidades de que la vida se formara por procesos naturales. Estimaron que hay menos de 1 posibilidad en 10ee40, 000 (10 a la 40,000 potencia es un 1 seguido de 40,000 ceros) de que la vida pudiera haberse originado por ensayos al azar

(En otras palabras, según las leyes científicas de la probabilidad, ***¡es imposible que la evolución haya ocurrido!)***

Ni siquiera la llamada **"Teoría del Caos"** (ver los documentos en la referencia) tiene argumentos convincentes que indiquen la posibilidad de que se haya dado la evolución.

¿Y **sabías también que** la evolución Contradice las leyes de la Termodinámica, las cuales son las leyes más fundamentales de la física?

LA PRIMERA LEY DE LA TERMODINÁMICA se conoce también como la Ley de la Conservación de la Masa y la Energía. Según la Enciclopedia Británica, 1998, Esta ley es considerada como la más importante y básica de todas las leyes de la física.

El primer principio es una ley de conservación de la energía. Afirma que, como la energía no puede crearse ni destruirse. Esta ley establece que la "suma total de toda la energía del universo permanece constante; pero que una forma de energía puede ser convertida en otra forma de energía. La forma, el tamaño, etc. pueden ser cambiados, pero la suma total de la masa NO PUEDE ser cambiada".

Eso es contrario a lo que enseña la teoría de la evolución que dice que de "Cero" energía, se produjo toda la energía que existe en el universo.

Como declaran también Trudy y James McKee[29]:

"La energía del universo se encuentra en muchas formas inter-convertibles: Gravitatoria, nuclear, radiante, calorífica, mecánica, eléctrica y química. De acuerdo a la teoría científica moderna, la energía es el constituyente básico del universo."

"La relación entre la materia y su energía equivalente, está definida por la famosa ecuación de Einstein: $E=mc^2$. La energía total (E) en julios ($kg.m^2/s^2$) de una partícula es igual a la masa (m) en kilogramos de la partícula, multiplicada por la velocidad de la luz (c=3.0 x 10□ m/s) al cuadrado. Sin embargo, la energía se define habitualmente como la capacidad para realizar trabajo."

LA SEGUNDA LEY DE LA TERMODINÁMICA enuncia que "En el Universo, la cantidad de energía disponible para ser usada... se está agotando. Lo que es igual a que la **Entropía** (desorden) está aumentando hasta un máximo"**.**

> La evolución dice que la energía se va perfeccionando y expandiendo; pero la segunda ley de la Termodinámica indica exactamente lo contrario.

Esta Segunda Ley establece, **contradiciendo lo que se enseña en la teoría de la evolución**, que la cantidad total de energía útil se está reduciendo a un grado tal que ya la energía se está convirtiendo en energía inservible, y lo más importante de todo, que esta "**transformación**" es ¡"**irreversible o irrevocable"**!

La primera indicación que la ciencia tuvo de que el universo se estaba **"poniendo viejo"** y de que se estaba "gastando" fue cuando esta 2da Ley de la Termodinámica fue formulada.

En la Biblia está escrito:

> *"Alzad a los cielos vuestros ojos, y mirad abajo a la tierra; porque los cielos serán deshechos como humo, y* ***la tierra se envejecerá*** *como ropa de vestir..."* (Isaías 51:6)

La **Entropía** es usada como medida del grado de desorden de un sistema.

En termodinámica, la entropía es la magnitud física que mide la parte de la energía que no puede utilizarse para producir trabajo.

Se dice que un sistema altamente distribuido al azar, tiene alta entropía; o lo que es lo mismo, si el orden del universo se hubiera querido formar a partir de una situación caótica (como enseña la evolución), el resultado hubiera sido **¡mayor caos, no orden!**

Como podemos ver, todos los enunciados de las leyes de la termodinámica contradicen la teoría de la evolución.

Pero aún hay otro factor muy importante y que se le ha dado una mala interpretación: **El Carbono 14**

Veamos un poco de qué se trata.

El Carbono 14

- De la especulación a la Verdad –

La primera vez que supe lo que era el Carbono 14 fue cuando estudiaba mi carrera universitaria; y eso me reforzó mis creencias ateas y me "confirmaba" que la Biblia era un libro "lleno de fábulas y cuentos" y que "todos los líderes religiosos vivían engañando al pueblo humilde".

Sin embargo, al cumplir 30 años de mi graduación, he podido conocer que también el Carbono 14 contradice los argumentos de la evolución.

¿En qué consiste este método?

El método de datación radio-carbónica fue primeramente propuesto y puesto a punto por **Willard F. Libby**, por el cual recibió un bien merecido **Premio Nobel en 1960**.

Efectuando innumerables mediciones sobre materia viviente de todas clases por todo el mundo, el doctor Libby pudo demostrar que todas las células vivientes poseen la misma radiactividad especifica a causa de la presencia de aproximadamente 767 átomos de Carbono-14 por cada mil millones de átomos de Carbono-12.

El **carbono-14** (14C, masa atómica=14.003241) es un **radioisótopo** del carbono y fue descubierto el 27 de febrero de 1940 por Martin Kamen y Sam Ruben. Su núcleo contiene 6 protones y 8 neutrones.

Willard Libby determinó un valor para el periodo de semi-desintegración o semi-vida de este isótopo: 5568 años.

Determinaciones posteriores en Cambridge produjeron un valor de 5730 años.

Debido a su presencia en todos los materiales orgánicos, el carbono-14 se emplea en la datación de especímenes orgánicos.

El método de datación por radiocarbono es la técnica más fiable para conocer la edad de muestras orgánicas de menos de 60.000 años.

Está basado en la ley de decaimiento exponencial de los isótopos radiactivos. El isótopo carbono-14 (14C) es producido de forma continua en la atmósfera como consecuencia del bombardeo de átomos de nitrógeno por neutrones cósmicos.

Este isótopo creado es inestable, por lo que, espontáneamente, se transmuta en nitrógeno-14 (14N).

Estos procesos de generación-degradación de 14C se encuentran prácticamente equilibrados, de manera que el isótopo se encuentra homogéneamente mezclado con los átomos no radiactivos en el dióxido de carbono de la atmósfera.

El proceso de fotosíntesis incorpora el átomo radiactivo en las plantas, de manera que la proporción 14C/12C en éstas es similar a la atmosférica.

Los animales incorporan, por ingestión, el carbono de las plantas. Ahora bien, tras la muerte de un organismo vivo no se incorporan nuevos átomos de 14C a los tejidos, y la concentración del isótopo va decreciendo conforme va transformándose en 14N por decaimiento radiactivo.

¿Qué nos dice el Carbono 14?

Ha sido realizado un estudio muy intenso a 15,000 dataciones radiocarbónicas, de prácticamente todo el planeta tierra; y los resultados que se lograron son muy diferentes a lo que normalmente piensan los estudiantes.

La información que aquí será presentada
está totalmente detallada en el estudio:

"EL TIEMPO, LA VIDA Y LA HISTORIA A LA LUZ DE LA DATACIÓN RADIOCARBÓNICA"
Por: Robert L. Whitelaw

También en: "Las Dataciones Radiométricas: CRITICA". Harold S. Slusher & Robert L. Whitelaw. Edit. CLIE. 1977

Estas son algunas de las conclusiones de los estudios científicos realizados a 15,000 dataciones radio-carbónicas:

- El radiocarbono apoya la idea bíblica de Creación reciente al señalar sin lugar a dudas a un comienzo reciente de la radiación cósmica.

- El radiocarbono apoya la aparición contemporánea de todas las formas de materia viviente en la creación. (El hombre y los animales modernos, juntamente con la flora y la fauna extinguidas, todos ellos aparecen igualmente antiguos e igual de repentinamente.)

- El radiocarbono apoya el origen de la raza humana a partir de unos pocos antecesores en la vecindad del Oriente Medio.

- El radiocarbono, por otra parte, indica la aparición repentina y simultánea del reino animal en conjunto en números mayores en todas las partes del mundo.

- El radiocarbono indica claramente un mundo original en el que había profusión tanto de árboles como de vegetación baja, y que se hallaba presente tanto en los polos como en las actuales regiones desérticas.

- (Son hechos ampliamente testificados por la geología y la paleontología y que indican que existió un mundo antiguo singularmente diferente en clima, en localización y elevación de los continentes, y quizá en inclinación del eje de rotación.)

- El radiocarbono señala un cambio drástico, poco después de la creación, a causa del cual hubo destrucción en el mundo vegetal y animal, pero sin efectos en la multiplicación de los hombres

- El radiocarbono señala con claridad un cataclismo de extensión mundial, que destruyó indiscriminadamente al hombre, a los animales y a los árboles

- Tal como se describe en Génesis 7 y como se confirma en otros lugares de las Escrituras, y como se confirma asimismo por tradiciones humanas preservadas en todas las acciones de la tierra, y en la evidencia geológica mundial.

- El radiocarbono apoya que la fecha de dicho **cataclismo** es de alrededor de **4.950 a.n.e.** (años de nuestra era)

- El radiocarbono indica una gran población humana, y muy extendida, antes de este cataclismo.

- El radiocarbono indica la extendida existencia de flora y fauna extintas en la actualidad, en el mundo anterior al cataclismo

(VER en el APÉNDICE #2, los hallazgos que proporcionaron esas mediciones)

...Y como si todo eso fuera poco, hay por lo menos otros **cinco** problemas graves con la Teoría de la Evolución.

Estos son:

1. No hay evidencias de que el caldo pre-biótico haya existido

2. No existen fósiles transitivos

3. La aparición súbita de formas complejas de vida

4. No está comprobado que la materia inerte pueda transformarse en material viviente mediante un proceso natural

5. No existen mecanismos que se puedan aceptar como válidos

Por considerarlo de mucho interés, a continuación voy a transcribir una parte del estudio:

"PROBLEMAS CIENTIFICOS CON LA TEORIA DE LA EVOLUCION DE LAS ESPECIES"[30]

<<

1. No hay evidencias de que el caldo pre-biótico haya existido

Hay un cuerpo creciente de evidencias que indican que la atmósfera terrestre primitiva tenía oxígeno y por lo tanto no pudo estar compuesta por los materiales que proponen Oparin, Holdane, y otros.

El oxígeno destruiría estos químicos pre-bióticos al reaccionar con ellos. El Dr. Robert Shapiro, bioquímico evolucionista, dedica un capítulo completo titulado "La Chispa y el Caldo" en uno de sus libros en el cual trata el tema del "Mito del Caldo pre-biótico"[31].

Los Drs. Thaxton, Bradley y Olsen han sumarizado este problema de la siguiente manera:

> "... en la atmósfera y en los varios lagos acuáticos de la tierra primitiva, la existencia de interacciones destructivas (la presencia de oxígeno en la atmósfera) habrían disminuido considerablemente, de no haber consumido completamente, los químicos precursores esenciales (para la vida), y por consiguiente las ratas de evolución química habrían sido INSIGNIFICANTE."
>
> "Tal sopa hubiera estado MUY DILUIDA para que la polimeración directa ocurriera."

"Aun charcos más concentrados se hubieran tropezado con este mismo problema. Además, NO HAY EVIDENCIAS GEOLOGICAS QUE INDIQUEN QUE EXISTIO TAL SOPA ORGANICA en este planeta, ni siquiera en un pequeño charco."

"Hoy en día se está haciendo evidente que si la vida empezó en este planeta la noción concebida de que emergió de un caldo de químicos orgánicos es una HIPOTESIS MUY INVEROSIMIL. Podemos con justicia llamar a este escenario EL MITO DEL CALDO PRE-BIOTICO."[32]

2. No existen fósiles transitivos

Los científicos concuerdan en que actualmente poseemos fósiles de los tipos de plantas y animales más importantes para el estudio. Sin embargo, como la teoría de la evolución dice que los cambios de un tipo a otro, de planta o animal, ocurren muy lentamente, es completamente lógico pensar que existan fósiles transitivos o intermediarios.

Por ejemplo, de acuerdo con la teoría de la evolución, los pájaros dieron lugar a los reptiles a través de un periodo largísimo de tiempo. Por los tanto, deberíamos poseer fósiles de variados animales intermediarios entre un reptil y un pájaro. Pero, ¿qué es lo que en realidad se ha excavado? Mucho, pero nada en lo que se pueda denominar fósiles transitivos.

El mismo Darwin estaba consciente de la falta de fósiles transitivos cuando dijo:

> "La geología con certeza no nos revela ningún ejemplo de pequeños cambios orgánicos en cadena; y esto es quizás, la objeción más obvia y grave que se puede hacer en contra de mi teoría"[33].

Sin embargo, Darwin pensó que excavaciones futuras encontrarían estos fósiles transitivos. Pero, ¿qué se ha encontrado en más de 120 años? Bueno, mejor es dejar que científicos modernos expertos en este campo lo digan ellos mismos. Por ejemplo, el evolucionista y paleontólogo David Raup, Ph.D. escribió:

> "Darwin... estaba avergonzado del testamento de los fósiles de su época... ahora cerca de 120 años después el conocimiento sobre los fósiles se ha expandido enormemente."
>
> "Hoy en día tenemos alrededor de 250 mil especies en fósiles, pero la situación no ha cambiado... TENEMOS MENOS EJEMPLOS DE TRANSICIONES EVOLUTIVAS AHORA QUE LAS QUE TENIAMOS EN EL TIEMPO DE DARWIN".[34]
>
> "(Y varias que se creían ser transiciones fueron luego descartadas)."

3. La aparición súbita de formas complejas de vida

La posición evolucionaria de las formas geológicas y biológicas podría resumirse en términos generales de la siguiente manera:

> 1. La capa terrestre está formada de varias capas, la capa más antigua es la más profunda y la más reciente la más superficial.
>
> 2. Como las formas de vida más simples son las más antiguas estas deben aparecer en las capas más antiguas (más profundas). Al pasar el tiempo muchas de las formas más simples de vida fueron evolucionando a formas más complejas; consecuentemente, entre más complejo sea el fósil más superficial debe encontrarse en las capas terrestres.

Este modelo implica que para cada una de las formas de vida debe haber una capa más profunda con formas de vida ancestrales más simples. Sin embargo, esto no es lo que nos dicen los estudios geológicos.

Dejemos que los científicos de reputación nos ilustren: Fred Hoyle, Ph.D. y Chandra Wickramasinghe, Ph.D. expresaron:

> "El problema de la biología es el de encontrar un origen simple ... la tendencia es imaginar que hubo un tiempo cuando solo células simples existieron, pero no células complejas ... esta creencia ha resultado equivocada ... Viajando en retroceso hacia

la era de las rocas más antiguas ... los fósiles de las formas de vida ancestrales NO revelan un origen simple."

"Aunque podemos considerar que los fósiles de bacterias, algas, y microhongos son simples en comparación con los de los perros y caballos, la cantidad de información es enormemente inmensa en estos seres. La mayoría del complejo bioquímico de la vida ya estaba presente en el tiempo en que las rocas más antiguas de la corteza terrestre fueron formadas."[35]. (Nótese el uso de la palabra "creencia").

4. No está comprobado que la materia inerte pueda transformarse en material viviente mediante un proceso natural

La teoría de la evolución dice que las cosas simples vinieron a ser complejas, que los químicos inertes (moléculas) vinieron a ser biomoléculas por pura suerte, y de allí poco a poco evolucionaron a células vivientes con ADN y ARN, siendo estas últimas biomoléculas de gran complejidad con estructuras y funciones específicas dentro de la maquinaria celular.

¿Es esto posible? ¿Existen observaciones científicas hoy en día que comprueben este tipo de "transformación milagrosa"? ¿Pueden los científicos de hoy en día, con todos los grandes adelantos de la ciencia y equipos de alta tecnología **sintetizar materia con vida**?

Las respuestas son no, no y no. Fred Hoyle, Ph.D., y Chandra Wickramasinghe, Ph.D., ambos evolucionistas reconocidos, nos dicen por qué este fenómeno no puede ser posible:

"La vida no pudo haber tenido un origen aleatorio... El problema es que hay cerca de 2000 enzimas, y la probabilidad de obtenerlas todas en un momento dado es igual a 10 elevado a la potencia de -40 mil, una probabilidad tan baja que, aun si el Universo entero consistiera de caldo pre-biótico, sería prácticamente imposible que este evento sucediera espontáneamente".

"Si uno no estuviera acondicionado debido a creencias sociales o entrenamiento científico a creer en la convicción de que la vida se originó en la tierra, la citada probabilidad destruiría por completo dicha convicción...

La cantidad enorme de información en aun las formas de vida más simples... no pueden, a nuestro parecer, haber sido originadas por lo que corrientemente se llama un proceso 'natural'...

Para que la vida se originara en la tierra tuvo que haber sido necesario que instrucciones muy explícitas fuesen dadas para su ensamblaje.

...No hay manera en la que podamos evadir la necesidad de información, no hay manera en la que podamos justificar las teorías corrientes de caldos pre-bióticos más grandes y con mejores ingredientes químicos orgánicos, así como nosotros mismos tuvimos la esperanza de que fuera posible hace un par de años."[36]

Hubert Yockey, Ph.D., un experto en Biología Molecular, en la Ciencia de la Informática y en la Probabilidad Matemática, también un evolucionista, declaró:

"los bloques de construcción...no forman proteínas espontáneamente, por lo menos no en forma aleatoria. El concepto del origen de la vida por chance en un caldo primitivo es imposible probabilísticamente... Una persona pragmática tiene que concluir que el origen de la vida no sucedió por pura suerte."[37]

El ya mencionado Bioquímico Francis Crick, ganador del premio Nobel y evolucionista, un científico famoso y muy reconocido, concluyó recientemente:

"Una persona honesta, equipada con el conocimiento disponible hoy en día, solo podría decir que de alguna manera el origen de la vida parece ser, en estos momentos, casi un milagro, son muy numerosas las condiciones que tuvieron que existir para sustentar tal origen."[38]

Para concluir este punto nuevamente citamos al Dr. Michel Denton quien escribió lo siguiente en un capítulo titulado "La Perplejidad de la Perfección":

"La idea intuitiva de que eventos puramente aleatorios nunca pudieron dar lugar al grado de complejidad e ingeniosidad tan común y persistente en la naturaleza ha sido un foco continuo de escepticismo desde que se publicó el libro "El Origen de la Especies"; y a través de los últimos 100 años, siempre ha existido una minoría significante de biólogos de primera clase quienes no han podido persuadirse a sí mismos en aceptar la validez de las ideas de Darwin...."

"Quizás no hay otra área en la biología moderna donde exista un reto tan formidable debido a la extrema complejidad e ingeniosidad de las adaptaciones biológicas que en el área fascinante de la Biología Molecular, en el mundo de la célula."

"Para tan solo apreciar la realidad de la vida como ha sido revelado por la Biología Molecular, tenemos primero que magnificar a la célula 1.000.000.000 veces hasta que su diámetro sea de 20 km, asemejándose a una nave voladora gigantesca que cubre por completo a la ciudad de Londres o Nueva York."

"Lo que encontraríamos dentro de esta nave sería un mundo de una complejidad y diseño adaptivo sin paralelos. Sobre la superficie de esta nave (célula) veríamos millones de ventanas circulares, que se cierran y se abren para permitir el flujo continuo de materia en ambas direcciones."

"Si entráramos dentro de la nave (célula) por medio de una de estas ventanas, nos encontraríamos un mundo de tecnología suprema, de una complejidad cegadora..."

"¿Es lógico creer que eventos aleatorios pudieron ensamblar esta realidad en la cual aun la unidad más pequeña que es una proteína funcional o un gene, es tan compleja que está más allá de nuestras capacidades creadoras más avanzadas, una realidad que es precisamente la antítesis del azar, que excede en todo sentido cualquier cosa producida por la mente del hombre?"[39]

5. No existen mecanismos evolutivos que se puedan aceptar como válidos.

Un experto en Radiación y Mutación, el Dr. H. J. Muller dijo:

"No hay ni una sola instancia en la que se pueda decir que los mutantes estudiados tienen una viabilidad mayor que la de las especies maternas..."

"Un estudio de los hechos conocidos acerca de la habilidad de los mutantes para sobrevivir conduce a ninguna otra conclusión sino a que estos son constitucionalmente más débiles que las formas progenitoras, y si se les coloca en una población donde tienen que competir siempre son eliminados..."

"Por consiguiente, nunca encontramos estas formas mutantes en la naturaleza (por ejemplo, no se encuentra ni una de las cientos de formas mutantes de la mosca Drosofila), solo las encontramos en el ambiente favorable del laboratorio."[40]

¿Puede la selección natural o mutaciones explicar los millones de cambios genéticos (hacia más información ordenada y compleja) que tuvieron que haber ocurrido simultáneamente para que un reptil evolucionara a una ave?

¿Concuerdan estos supuestos cambios (hipotéticos) en los pulmones y las plumas con lo que se conoce hoy en día acerca de las mutaciones?

El evolucionista Pierre-Paul Grasse, quien fue presidente de la Academia Francesa de Ciencias, y quien tuvo el cargo de Jefe de Evolución en la Soborne en París por 20 años, no hace mucho describió este problema claramente:

> "La oportuna aparición de mutaciones que permitieron a los animales y plantas suplir sus necesidades es muy difícil de creer. Y sin embargo, la teoría Darwiniana demanda aun más: una sola planta o un solo animal requerirían miles de miles de eventos sortarios al momento oportuno."
>
> "O sea, los **MILAGROS** vendrían a formar la norma en los acontecimientos: miles de miles de eventos cada uno con una probabilidad infinitesimal de ocurrir tuvieron que haber ocurrido de acuerdo con esta teoría."
>
> "Ciertamente no hay leyes que prohíban soñar despierto, pero la ciencia no puede darse ese lujo."[41]

Como bien dicen Trudy y James McKee en su gran obra "**Bioquímica**. La base molecular de la vida"[42]:

> *"La vida ha demostrado ser bastante más compleja de lo que la imaginación humana hubiera podido concebir. La estructura de la célula es el caso en cuestión"*
>
> *"Las células no son bolsas de protoplasma que los científicos imaginaron hace alrededor de un siglo; sino que son estructuras complejas y dinámicas..."*
>
> *"Los científicos que trabajan para entender la realidad física del mundo natural, con frecuencia quedan sorprendidos de lo sofisticados que son incluso los organismos más sencillos"*

¿Se está usted preguntando:

Por qué entonces la evolución se ha convertido en algo tan universalmente aceptado; por qué ese *"espíritu de negación absurda"* tiene tanto poder y por qué hay tanta hostilidad contra la Biblia?

¿Cree usted que todo vino de la nada, sin la intervención del Dios Creador?

Tanta perfección y tanta complicación,

¿Tendrá algo que ver con SU alma?

Veamos algo de una noticia reciente:

Enseñarán en las escuelas de la Florida La evolución como "teoría" [43]

M. CAPUTO / The Miami Herald jueves, 14 de agosto del 2008
TALLAHASSEE

> "Por primera vez, la evolución de las especies se enseñará clara y explícitamente en las **escuelas de la Florida**, después que la Junta de Educación del estado aprobó el martes una serie de nuevas pautas de ciencia que mencionan la palabra ``evolución".
>
> Con los nuevos estándares, se requerirá que los maestros enseñen evolución y selección natural a partir del sexto grado; y comenzando en el **noveno**, enseñarán "la evolución de los homínidos de sus primeros ancestros", a "desviación genética" y ``movimiento de genes"."

¿Qué significa este **"Avance"**?

Recordemos que hace poco menos de un siglo, no se pensaba así...

En el año 1925 hubo un famoso proceso judicial en EE.UU., conocido mundialmente como "el juicio del mono", por el cual fue juzgado el maestro de escuela **John Scopes**, acusado por enseñar la teoría de la evolución a sus alumnos **en Dayton, Tennesse**.

Fue un juicio célebre porque allí se enfrentaron el agnóstico Clarence Darrow, defensor de Scopes, el más famoso abogado en la historia norteamericana, y el fundamentalista protestante Williams Jenning Byrns.

Como consecuencia, en 1925, la cámara de representantes de Tennessee aprobaba, por unanimidad, una ley que proclama:

> "En la Universidad o escuela normal o cualquier escuela pública financiada entera o parcialmente con fondos del Estado, queda prohibido enseñar una teoría que niegue la historia de la creación divina del hombre, tal como la enseña la Biblia, y propagar en su lugar que el hombre desciende de un orden inferior de animales" (Año 1925)

La Biblia dice en Romanos 1:19-22:

> "Lo que de Dios se conoce les es manifiesto, pues Dios se lo manifestó. Porque las cosas invisibles de él, su eterno poder y deidad, se hacen claramente visibles desde la creación del mundo, siendo entendidas por medio de las cosas hechas, de modo que no tienen excusa".
>
> "Pues habiendo conocido a Dios, no le glorificaron como a Dios, ni le dieron gracias, sino que se envanecieron en sus razonamientos, y su necio corazón fue entenebrecido. **Profesando ser sabios, se hicieron necios...**"

Hasta ahora hemos estado hablando de la inmensidad del *Universo*

¿Y qué de las cosas pequeñas?

¿Habrá algo interesante de analizar?

Veamos...

El átomo y la materia:

Cuando nos adentramos a lo que es en sí la materia, nos encontramos con su fundamento básico: **El Átomo**, el cual es la partícula estable más pequeña que compone la materia; y podemos comprobar con asombro que, al igual que sucede con la Vía Láctea, donde el sol con todos los planetas que giran alrededor, y junto a los millones de estrellas que la conforman, por más vueltas que dan, no se chocan ni se salen de sus órbitas; asimismo sucede a nivel atómico estructural.

Los electrones, al igual que los planetas, giran alrededor del núcleo del átomo, y nunca chocan unos con otros.

El átomo está formado por un núcleo y una envoltura

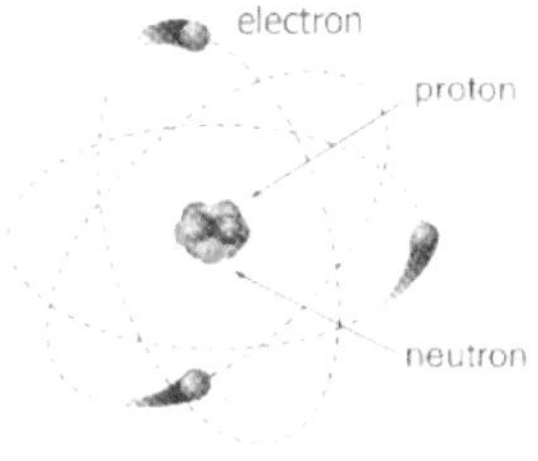

En el **núcleo** encontramos dos tipos de partículas: Los protones, que son partículas con carga positiva; y los neutrones, que no poseen carga eléctrica, solo poseen masa.

Por otro lado, en la **envoltura** encontramos a los electrones, los cuales son partículas de carga eléctrica negativa, que se encuentran en movimiento constante alrededor del núcleo.

La mayor parte de la masa de un átomo se concentra en el núcleo, formado por los protones y los neutrones, ambos conocidos como **nucleones**, los cuales son **1836 y 1838 veces** más pesados que el electrón respectivamente.

Uso moderno de los electrones: La corriente eléctrica

Entendemos como corriente eléctrica al flujo de electrones que circula a través de un conductor eléctrico; mientras que el grado de conductividad de un elemento viene dado por la cantidad de electrones de la última órbita del átomo. Hay materiales conductores y aislantes de la corriente eléctrica, dependiendo de su estructura atómica en su última órbita o capa externa.

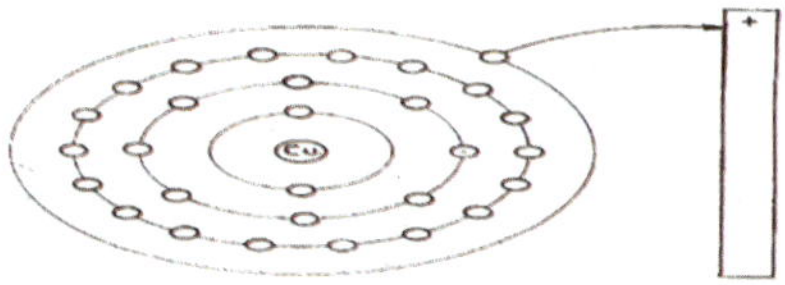

Tenemos el cobre, por ejemplo, el cual es un conductor. El átomo de cobre posee 29 protones en el núcleo y 29 electrones planetarios que giran en órbitas dentro de cuatro capas alrededor del núcleo. La primera capa contiene 2 electrones, la segunda 8, la tercera 18 y la cuarta, o capa más externa, 1 electrón.

Aquí tenemos representada la manera como fluyen los electrones de los átomos del cobre, para crear la corriente eléctrica:

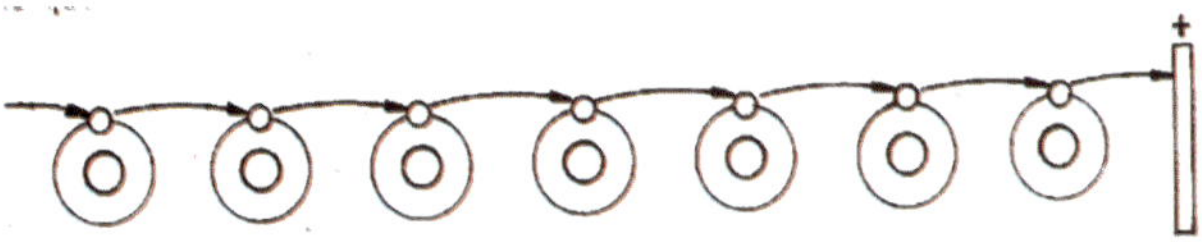

Sin embargo, el uso moderno de los electrones no se circunscribe solamente a generar la corriente eléctrica; sino que se ha desarrollado otra área de la ciencia llamada la **electrónica**, la cual es la responsable de los grandes cambios tecnológicos que estamos viendo en nuestros días (satélites, computadoras, celulares y toda una gama de productos digitales).

Hemos visto por qué el átomo es la partícula estable más pequeña que compone la materia. Hablemos ahora un poco de **La Materia**, en sí.

La materia es todo lo que ocupa un lugar en el Universo. La materia es todo aquello que se forma a partir de átomos o moléculas y con la propiedad de encontrarse en estado sólido, líquido o gaseoso. Tenemos como ejemplos las piedras, la madera, los huesos, el plástico, el aire y el agua.
Todo lo que podemos ver y tocar, está constituido por materia.
La materia tiene Masa y tiene Volumen (es decir, se puede pesar en una balanza y ocupa un lugar en el espacio).
Los objetos o cuerpos que vemos y tocamos, pueden estar compuestos por uno o varios tipos de materias (o materiales).

A nivel estructural, todas las partículas que conforman la materia, están regidas por **fuerzas** que las mantienen actuando de la manera que lo hacen.

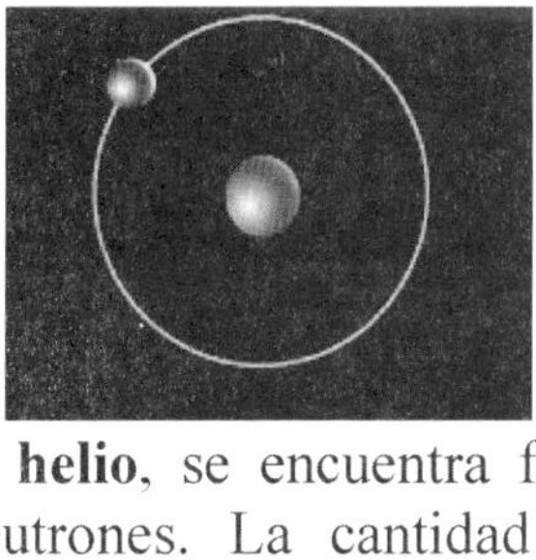

El núcleo más sencillo es el del **hidrógeno**, formado únicamente por un protón.

El núcleo del siguiente elemento en la tabla periódica, el **helio**, se encuentra formado por dos protones y dos neutrones. La cantidad de protones contenidos en el núcleo del átomo se conoce como número atómico.

Oh, la sabiduría del que inventó los átomos. Les dio la capacidad de combinarse con otros átomos para formar las diversas manifestaciones de la materia.

Los que hemos ido a estudiar a la escuela, normalmente estamos acostumbrados a ver el diagrama que resume todos los tipos de materia que se conocen hasta hoy en día. Es lo que llamamos: **La Tabla periódica de los elementos**

Uniones de Átomos:

Hablemos entonces de **uniones de átomos**, para formar lo que llamamos **Moléculas.** Tomemos como ejemplo, **el Agua.**

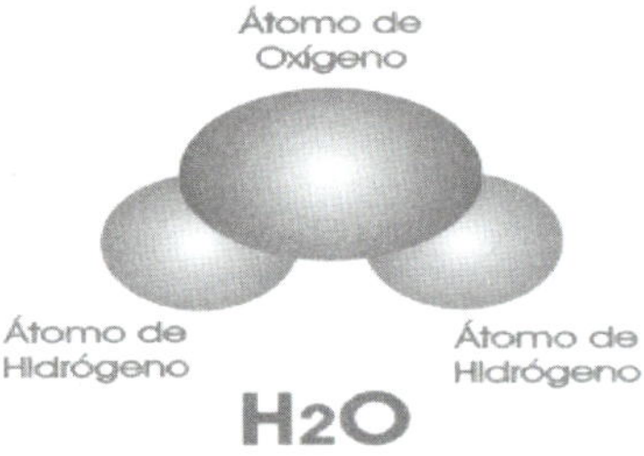

El Agua es una sustancia maravillosa y única. En la antigüedad se consideraba que el agua era un elemento, más tarde se descubrió que era un compuesto formado por dos átomos de hidrógeno y uno de oxígeno.

Es el solvente universal; es un líquido transparente que no tiene olor, color y sabor

Como recurso natural es utilizada por todos.

Algunos de sus usos son: para tomar, cocinar, para el aseo, para actividades recreativas como nadar, navegar en bote, pescar; es un importante elemento de transportación y entre otras cosas para producir energía.

Cerca de 3/4 partes de la superficie de la Tierra está cubierta de agua.

El agua es uno de los recursos más importantes y usados del planeta. En su forma líquida usualmente la obtenemos de la lluvia, manantiales, arroyos, ríos y lagos. Como vapor, el agua también se encuentra en el aire donde suele condensarse y formar nubes

Debido al ciclo del agua el suministro de agua de nuestro planeta está constantemente en movimiento, de un lugar a otro y de una forma a otra. ¡Todas las cosas de la tierra sufrirían deterioro si no existiera el ciclo del agua!

La Tierra es un lugar con mucha agua.

Cerca del 70 por ciento de la superficie de planeta está cubierta de agua.

La importancia del agua en la vida puede entenderse si nos referimos a las **funciones que realizan los organismos para mantenerse vivos**.

En las funciones que permiten a los organismos manejar la energía para sintetizar y degradar compuestos, el agua juega un papel determinante.

Así mismo, los compuestos orgánicos, fuente de energía, se transportan a través del agua.

Los productos de desecho de los organismos también utilizan al agua como un vehículo. Podríamos decir que **cualquier actividad metabólica está íntimamente ligada a la molécula de agua**.

Por otra parte, los organismos establecen íntimas y trascendentes relaciones con el medio ambiente.

El agua, gracias a su capacidad calorífica, desempeña un papel muy importante en la regulación térmica del clima, haciendo que las variaciones sean menos bruscas, de lo que serían si no existiese el agua.

Dentro del organismo el agua, tiene también esta importante función: regular la temperatura.

La liberación de vapor de agua como sudor o como respiro son vitales para la conservación de la temperatura corporal.

Casi el 75% del peso de una persona, es agua.

¿Cuánta agua hay sobre (y dentro) de la Tierra?

He aquí algunas cifras:

- El volumen total de agua del planeta equivale a **326 millones de millas cúbicas** (una milla cúbica es un cubo imaginario -una caja cuadrada- que mide una milla por cada lado).

- Cerca de 3,100 millas cúbicas de agua, la mayor parte en forma de vapor, se encuentra en cualquier momento en la atmósfera.

Se encuentra distribuida en el siguiente orden:
(Datos en Kilómetros Cúbicos)

Océanos 1, 321, 000,00097	.24%
Capas de hielo, 29, 200,0002	.14%
Agua subterránea 8, 340,0000	.61%
Lagos de agua dulce 125,0000	.009%
Mares tierra adentro 104,0000	.008%
Humedad de la tierra 66,7000	.005%
Atmósfera 12,9000	.001%
Ríos 1,2500	.0001%
Volumen total de agua 1, 360, 000,000	100 %

Fuente: Nace, Encuesta Geológica de los Estados Unidos, 1967 y El Ciclo Hidrológico (Panfleto), U.S. Geological Survey, 1984]

En otras palabras, El volumen total de agua del planeta equivale a: **332 millones de millas cúbicas**

(Una milla cúbica de agua equivale a más de un trillón de galones) ***(Eso es mucha agua, ¿No?)***

Una pregunta curiosa:

¿Sabes cuántos átomos y moléculas hay en una **gota** de agua?

He aquí algunos datos científicos útiles:

Un MOL: es la cantidad de materia que tiene 6.022×10^{23} partículas, es decir, el **número de Avogadro** de partículas.
1 mol de agua = 6.022×10^{23} moléculas de agua

MASA MOLAR o Peso molecular: masa o peso de 1 mol de sustancia, se calcula expresando **la masa molecular o atómica** en *gramos*

1 Molécula de agua está formada por:
2 moles de H + 1 mol de O = 1 mol de Agua
Tenemos entonces:
La masa molecular de un mol de agua es 18 gr.
2 gramos (H) + 16 gramos (O) = 18 gramos
1 mol de agua = 18 gramos
≡ 18 gramos de agua contienen 6.022×10^{23} moléculas de agua
1 gota de agua pesa 0.2 gramos
1 molécula de agua tiene 3 átomos (dos de hidrógeno y uno de oxígeno)

Por lo tanto, **la respuesta es:**

$$6.022 \times 10^{23} \times 0.2 / 18 = 6.9 \times 10^{21} \times 3$$

En otras palabras, en una gota de agua hay:

6,700, 000,000, 000,000, 000,000
moléculas de agua (Seis mil setecientos
trillones de moléculas);

Equivalentes a 20,000, 000,000 000,000,
000,000 átomos
(Veinte mil trillones de átomos)

¿Puede usted imaginar que si para que se forme una gota de agua deben reunirse **veinte mil trillones de átomos,** se nos quiera hacer creer que de algo más pequeño que **UN** átomo se formó todo el universo?

Vemos que dicha idea no es lógica, ni razonable, ni científica... Es PURA FE.

¿Cuántos átomos y moléculas habrán entonces...

- En un vaso de agua?
- En la piscina?
- En el lago?
- En toda la tierra?

La absurda **negación** a tanta perfección y tanta complicación, ¿Tendrá algo que ver con **su alma**?

Como nos dice la Biblia:

> *"Las armas del tramposo son malas; trama intrigas inicuas para enredar a los simples con palabras mentirosas"* (Isaías 32:7)

Fisión y Fusión Nuclear:

Aparte de tener una combinación atómica que produce un elemento vital para la vida, tenemos infinidad de combinaciones atómicas que producen todo tipo de materia.

Además, podemos conocer y utilizar las fuerzas atómicas que actúan en diversos elementos.

Uno de los más importantes, es el **Uranio**.

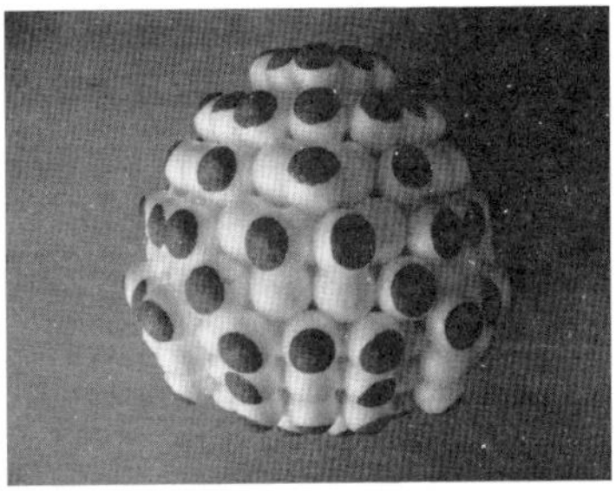

(Núcleo del Uranio)

Hablemos un poco de la **Fisión** Nuclear.

La **fisión nuclear** consiste en la división del núcleo de un átomo pesado en otros elementos más ligeros, de forma que en esta reacción se libera gran cantidad de energía.

Existen dos formas de aprovechar la energía nuclear para convertirla en calor: la **fisión nuclear**, en la que un núcleo atómico se subdivide en dos o más grupos de partículas, y la **fusión nuclear**, en la que al menos dos núcleos atómicos se unen para dar lugar a otro diferente.

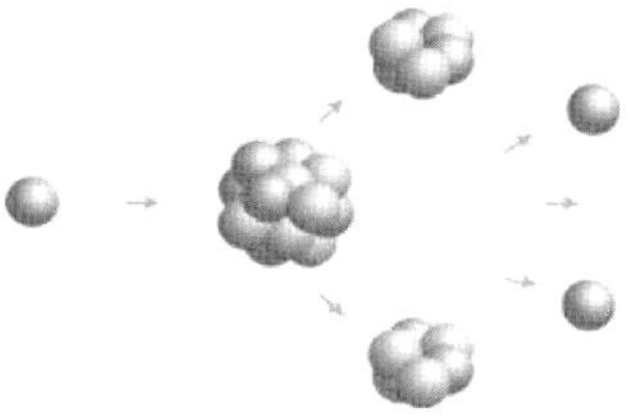

La Fisión Nuclear, como la mayoría de las cosas en esta vida, tiene usos constructivos y también destructivos.

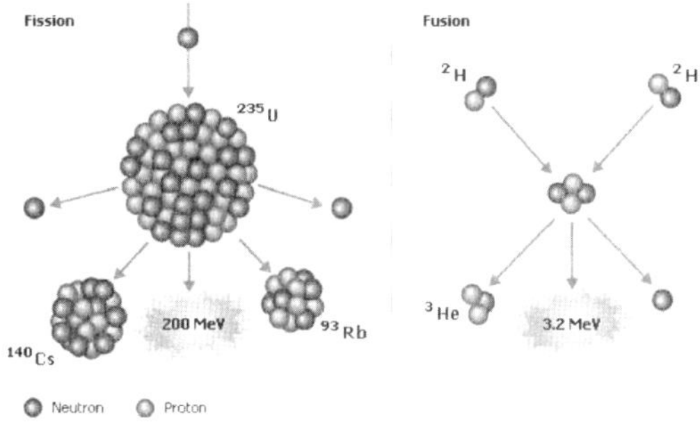

Uso destructivo de la Fisión Nuclear

La fisión nuclear, a pesar de ser altamente productiva (energéticamente hablando), es también muy difícil de controlar, como podemos ver en el desastre de **Chernobill**, y en las bombas de **Nagasaki e Hirosima**

Veamos formas del buen uso de la fisión nuclear:

Gran parte de las centrales nucleares existentes en la actualidad se basan en reactores de fisión, utilizando como **combustible uranio compuesto** de entre un 3,5% y un 4,5% de U-235 y el resto de U-238 (Este isótopo es el conocido **uranio enriquecido**).

La reacción nuclear en cadena que genera la energía, se produce cuando un núcleo de Uranio-235 se divide en dos o más núcleos por la colisión de un neutrón.

De este modo, los neutrones liberados colisionan de nuevo formando una reacción en cadena.

En las centrales nucleares por fisión, el calor desprendido de las reacciones genera vapor de agua, el cual, al pasar por un sistema de turbinas, genera la electricidad que puede ser trasladada a la red eléctrica.

Three Mile Island Nuclear power Station.
Image By US Government:

Siendo sinceros, debemos hacer algunas preguntas a todos los que se consideran evolucionistas:

- ¿De dónde viene el espacio del universo?
- ¿De dónde viene la materia?
- ¿De dónde vienen las leyes del universo (gravedad, inercia, etc.)?
- ¿Cómo pudo la materia organizarse en forma tan perfecta?
- ¿De dónde vino la energía que organizó toda la materia?
- La primera célula capaz de reproducirse sexualmente, ¿con quién se reprodujo?
- ¿Cómo, cuándo y dónde el ser humano evolucionó sus 5 sentidos, sus emociones y sus sentimientos?
- ¿Cómo llegó a razonar, a pensar, a discernir, a hablar?

¿Qué Evolucionó Primero?

- ¿El DNA o el RNA que porta los mensajes del DNA a las distintas partes de una célula?

- ¿El sistema digestivo, la comida a ser digerida, el apetito, la habilidad de encontrar y comer los alimentos, los jugos digestivos, o la resistencia del estómago a dichos jugos?

- ¿Los pulmones, la mucosa que los protege, la garganta o la perfecta mezcla de gases que respiran nuestros pulmones?

- ¿La flor o la abeja que la poliniza?

Sabemos que los animales vertebrados tienen un esqueleto interno formado por huesos articulados, es decir unidos entre sí. El esqueleto sostiene y da forma al cuerpo; protege ciertos órganos delicados y sirve de sostén para los músculos.

Preguntamos entonces,
¿Qué evolucionó primero, Cómo, Cuándo y Por qué?… ¿Los huesos, ligamentos, tendones, o los órganos que serían protegidos?

Etcétera, etcétera, etcétera…

¿Si alguien me pidiera que le dijera cómo podría hacer que **una silueta** pueda tener **vida,** desarrollarse, multiplicarse, tener conocimiento de las cosas que le rodean, protegerse, Etc.?...

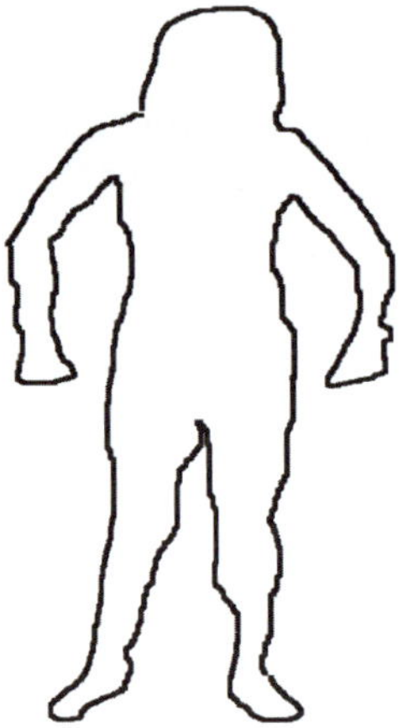

...A ver qué le diría:

Porque estoy seguro que una respuesta como: "Que se forme por casualidad" no sería convincente; creo que le diría:

Le prepararía un sistema que lo sostenga (el sistema óseo)

Tendría que hacerle más de doscientos huesos, unas cien articulaciones y más de 650 músculos **que actúen coordinadamente**. Gracias a la colaboración entre esos huesos y músculos podría mantener la postura y realizar múltiples acciones.

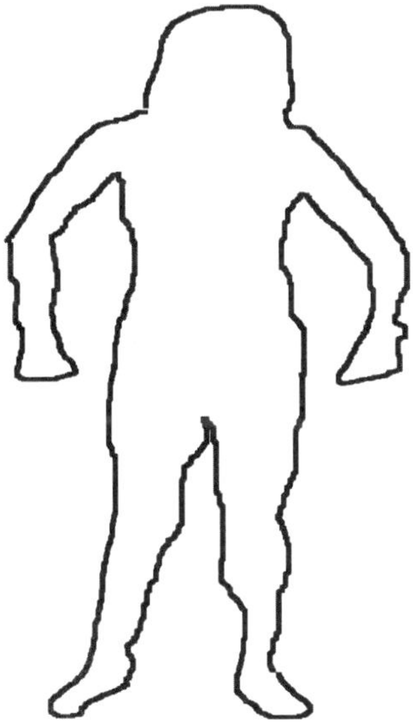

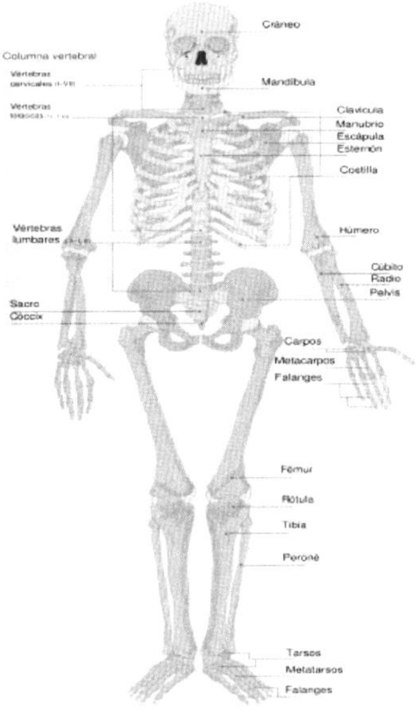

Trataría de hacer que los huesos se puedan unir sin soldar, y puedan acoplarse para hacer las funciones necesarias.

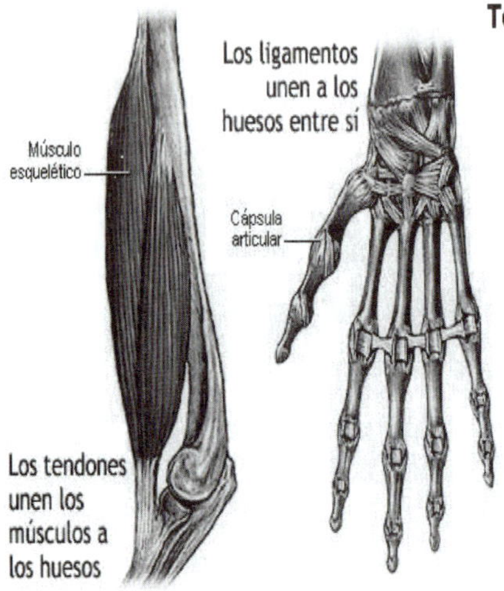

Tendones y ligamentos

Los tendones son tejido conectivo fibroso que une los músculos a los huesos. Pueden unir también los músculos a estructuras como el globo ocular. Los tendones sirven para mover el hueso o la estructura, mientras que los ligamentos son el tejido conectivo fibroso que une los huesos entre sí y generalmente su función es la de unir estructuras y mantenerlas estables.

Así haría que el sistema (que llamaría esqueleto) sostenga al organismo y proteja a los órganos delicados como el cerebro, el corazón o los pulmones, a la vez que sirva de punto de inserción a los tendones de los músculos; y haría que los huesos se unan entre sí mediante ligamentos.

Le prepararía un sistema que le permita moverse y hacer fuerzas y otras acciones. (El sistema muscular)

Los músculos han de ser los motores del movimiento. Un músculo, sería un haz de fibras, cuya propiedad más destacada será la contractilidad.

Gracias a esa facultad, el paquete de fibras musculares se contraería cuando reciba orden adecuada. Al contraerse, se acortaría y se tiraría del hueso o de la estructura sujeta. Acabado el trabajo, recuperaría su posición de reposo.

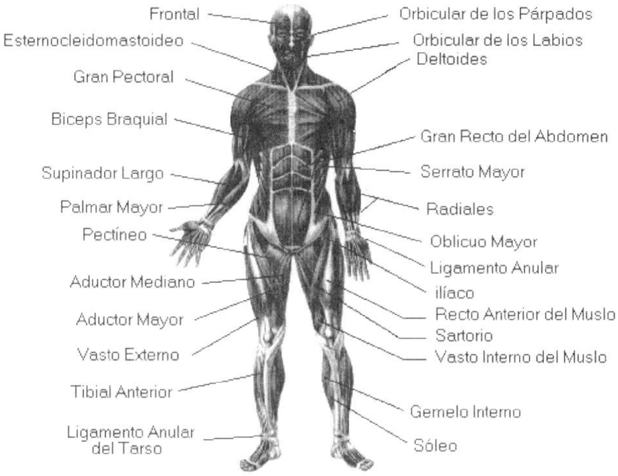

Les voy a poner colores. Los músculos estriados los haré rojos, tendrán una contracción rápida y voluntaria y se insertarán en los huesos a través de un tendón; por ejemplo, los de la masticación, el trapecio, que sostendrá erguida la cabeza, o los gemelos en las piernas que permitirán ponerse de puntillas.

Por su parte haría de color blanco los músculos lisos; los que han de tapizar tubos y conductos y tendrán contracción lenta e involuntaria.

Se han de encontrar, por ejemplo, recubriendo el conducto digestivo o los vasos sanguíneos (arterias y venas).

El músculo cardíaco deberá ser un caso especial, pues se trata de un músculo estriado, de contracción involuntaria.

Tendría que cubrirlo de unos 650 músculos de acción voluntaria. Tal riqueza muscular permitirá disponer de miles de movimientos.[44]

Le haría además, un sistema (el sistema nervioso) que le sirva para que pueda moverse o desplazarse[45].

Ese sistema estaría formado por órganos que transmitan y procesen toda la información que le llegue desde los órganos de los sentidos, permitiéndole moverse, adaptarse al ambiente externo y realizar actividades intelectuales.

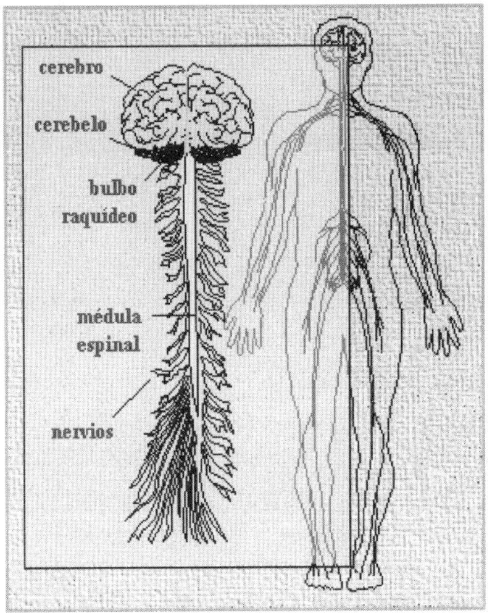

Dicho sistema le permitiría captar las características del medio ambiente, y hacer una representación mental adecuada de la realidad exterior e interior y predecir el impacto de las acciones y los acontecimientos externos.

Pero su función no se limitaría únicamente a eso, también recibiría estímulos de todos los órganos internos.

Por eso tendría que hacerle un sistema nervioso periférico que se encargaría de recorrer el cuerpo a través de los nervios, recibiendo y transmitiendo los estímulos al sistema nervioso central.

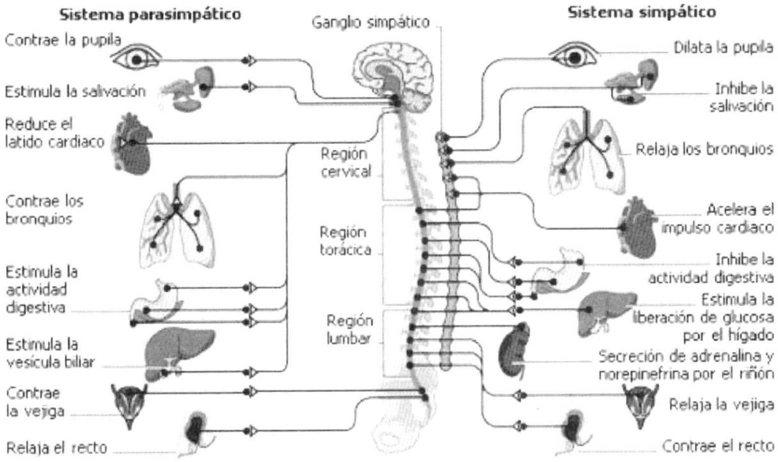

Este se ocuparía de interpretar esos estímulos y actuar en consecuencia. Impartir órdenes a los músculos y a las glándulas para que cumplan con sus funciones de acuerdo a las necesidades del cuerpo.

Oh, un detalle. Como las células del sistema nervioso serían muy delicadas ya que no podrían reproducirse, las deberé proteger de una manera especial: con el cráneo y la columna vertebral.

¿Y cómo haré para que se desarrolle y opere adecuadamente?...

Le haré un sistema que le permita llevar los nutrientes necesarios de las cosas que hay afuera, hacia adentro en las células de todo el cuerpo.

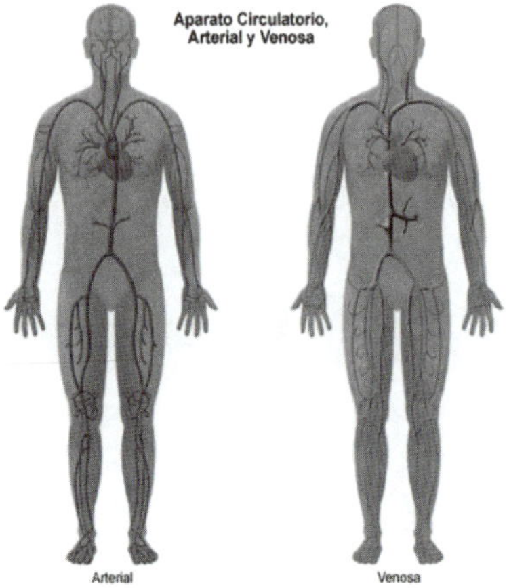

Para esto necesitaré hacer el Sistema Circulatorio (vascular y linfático)[46]

El sistema vascular, **también llamado aparato circulatorio**, tendría los vasos que transportan sangre y linfa a través del cuerpo.

Las arterias y las venas transportarían sangre a través del cuerpo, con la finalidad de suministrar oxígeno y nutrientes a los tejidos del cuerpo y eliminar los desechos de los tejidos.

Los vasos linfáticos transportarían líquido linfático (un líquido claro, incoloro que contiene agua y glóbulos blancos).

El sistema linfático ayudaría a proteger y a mantener el medio líquido del cuerpo, por medio de la filtración y el drenaje de la linfa de cada parte del cuerpo.

Los vasos del aparato circulatorio sanguíneo que tendría que hacer, son:

Las arterias: vasos sanguíneos que transportarían la sangre oxigenada desde el corazón hacia el resto del cuerpo.

Las venas: vasos sanguíneos que transportarían la sangre del cuerpo de regreso al corazón.

Los vasos capilares: vasos sanguíneos diminutos que se encontrarían entre las arterias y las venas, y que distribuirían la sangre rica en oxígeno por el cuerpo.

Haría una bomba que pueda mantener en circulación la sangre. Le llamaría: **Corazón**.

La sangre que saldría del corazón por las arterias estaría saturada de oxígeno. Las arterias se han de dividir en ramificaciones cada vez más pequeñas para llevar el oxígeno y otros nutrientes a las células de los tejidos y los órganos del cuerpo.

A medida que la sangre recorra los capilares, el oxígeno y demás nutrientes se introducirían en las células, y los desechos de las células se desplazarían a los capilares.

A medida que la sangre salga de los capilares, sería transportada por las venas, que son cada vez más grandes para poder llevarla de regreso al corazón.

Además de mantener la sangre y la linfa en circulación por todo el cuerpo, el sistema vascular actuaría como un componente importante de otros aparatos corporales, por ejemplo:

Y para que respire, le haré un aparato respiratorio.

A medida que la sangre fluya a través de los capilares de los pulmones, se produciría el intercambio de dióxido de carbono por oxígeno. El dióxido de carbono sería expulsado del cuerpo a través de los pulmones, y la sangre distribuiría el oxígeno a los tejidos del cuerpo.

Hummmm.
Creo que debo detallar mejor cómo tendría que funcionar el aparato respiratorio:

El aparato respiratorio será el encargado de realizar el intercambio de gases entre el aire y la sangre.

Tendré que prepararle lo siguiente:
1. Vías respiratorias: Conducirán el aire del exterior a los pulmones y viceversa.

1.1. Fosas nasales: Son las dos cavidades que haré en la nariz. En ellas el aire será filtrado, calentado y humedecido.

1.2. Faringe: Formará parte a la vez de las vías respiratorias y del tubo digestivo: comunicará con la laringe y el esófago. Tendrá la misma misión que las fosas nasales.

1.3. Laringe: En su interior pondré las cuerdas vocales, cuya vibración, al paso del aire, producirá la voz. Cuando trague el alimento, la laringe quedará cerrada por una especie de lengüeta llamada epiglotis.

1.4. Tráquea: Sería un largo tubo que posea anillos cartilaginosos incompletos en forma de C que lo mantengan siempre abierto. Se hallará situada delante del esófago.

1.5. Bronquios: Han de ser los dos tubos en los que se divida la tráquea. Penetrarán en el interior de los pulmones donde se ramificarán repetidamente, formando los bronquiolos. Su pared interior poseerá cilios (especie de pelillos que vibran) y moco para filtrar el aire y atrapar las partículas que lleva en suspensión.

2. Pulmones: Serán dos masas esponjosas recubiertas de un tejido de doble pared llamado **pleura**, con una fina capa de líquido entre ambas, que tendré que hacer para suavizar los movimientos respiratorios.

El pulmón derecho estará dividido en tres lóbulos y el izquierdo en dos. Estarán constituidos por los bronquiolos que se dividirán repetidamente en ramas cada vez más finas que han de terminar en unas bolsas llamadas **alvéolos**, recubiertas de capilares sanguíneos.

Ventilación pulmonar Así le llamaría a la entrada y salida de aire de los pulmones. Constará de dos movimientos respiratorios: inspiración y espiración.

1. Inspiración: Se producirá por contracción del diafragma (descenderá) y de los músculos que elevan las costillas. Esto provocaría un aumento de la cavidad torácica que permita la entrada de aire en los pulmones.

2. Espiración: Ocurrirá lo contrario que en la inspiración: el diafragma y los músculos de las costillas se relajarán, y harán disminuir la capacidad torácica. Esto provocará la salida pasiva del aire.

Intercambio de gases

Primero no sé si he de hacer primero la mezcla de los gases que ha de respirar y adaptar el aparato respiratorio a ellos; y si lo haré a la inversa.

Supongo que haré primero la mezcla de los gases y le voy a llamar: "Aire".

El intercambio de gases entre el aire y la sangre tendrá lugar a través de las finas paredes de los alvéolos y de los capilares sanguíneos. La sangre venosa proveniente de la arteria pulmonar se liberará del dióxido de carbono, procedente del metabolismo de todas las células del cuerpo, y tomará oxígeno.

La sangre oxigenada regresará por la vena pulmonar al corazón que la bombea a todo el cuerpo.

Otros aparatos que haría son:
El aparato digestivo

A medida que se digiera la comida, la sangre fluirá a través de los capilares intestinales y absorberá nutrientes, como glucosa (azúcar), vitaminas y minerales. La sangre distribuirá estos nutrientes a los tejidos del cuerpo.

Aparato renal y urinario

Los desechos de los tejidos del cuerpo se filtrarán a través de la sangre a medida que ésta fluya por los riñones.

Luego, el cuerpo eliminará los desechos a través de la orina.

Control de la temperatura

Para regular la temperatura, el organismo recibirá la ayuda del flujo sanguíneo que recorrería las diferentes partes del cuerpo, ya que los tejidos del cuerpo producirán calor a medida que atraviesen el proceso de descomposición de los nutrientes para convertirlos en energía, elaborar tejidos nuevos y eliminar los desechos.

Falta algo...

¿Cómo haré para que pueda defenderse de cualquier ataque extraño?
Le haré entonces un sistema de protección.
Le llamaré: Sistema Endocrino-Hormonal

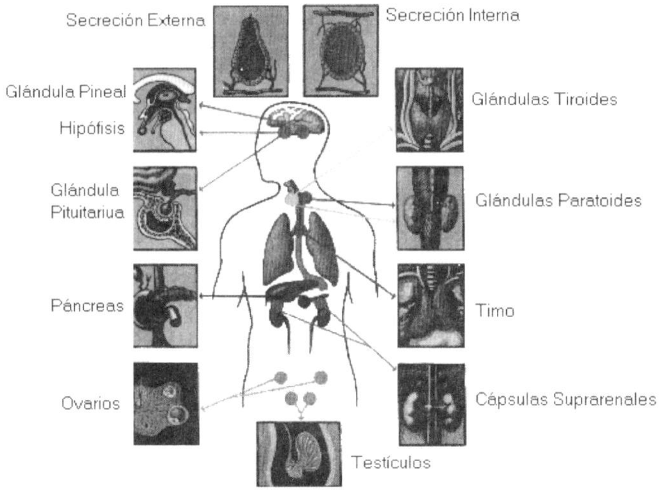

• **El sistema endocrino** estará formado por una serie de glándulas que liberen un tipo de sustancias llamadas **hormonas**; es decir, será el sistema de las glándulas de secreción interna o glándulas endocrinas.

• Una hormona sería una sustancia química que se sintetizaría en una glándula de secreción interna y ejercería algún tipo de efecto fisiológico sobre otras células hasta las que lleguen por vía sanguínea.

• **Las hormonas actuarían como mensajeros químicos** y sólo ejercerían su acción sobre aquellas células que posean en sus membranas los receptores específicos (las llamaría, las células diana o blanco).

• Las glándulas endocrinas más importantes que haría son: la epífisis o pineal, el hipotálamo, la hipófisis, la tiroides, las paratiroides, el páncreas, las suprarrenales, los ovarios y los testículos. ...

¿Y cómo haré para que pueda reproducirse?

¡Oh las cosas que se deben diseñar para que pueda darse la reproducción y pueda tener hijos!

Veamos **algunos** detalles:
La fecundación (y el inicio de la vida), ocurrirá cuando un espermatozoide (de los 200 a 400 millones disponibles) penetre en el óvulo.

El semen ha de ser el producto de la secreción proveniente de los testículos, el epidídimo (la glandulilla que está adherida al testículo), la vesícula seminal y la próstata.

El 60% de su contenido será líquido seminal, 30% líquido prostático y 10% lo constituirán los espermatozoides.

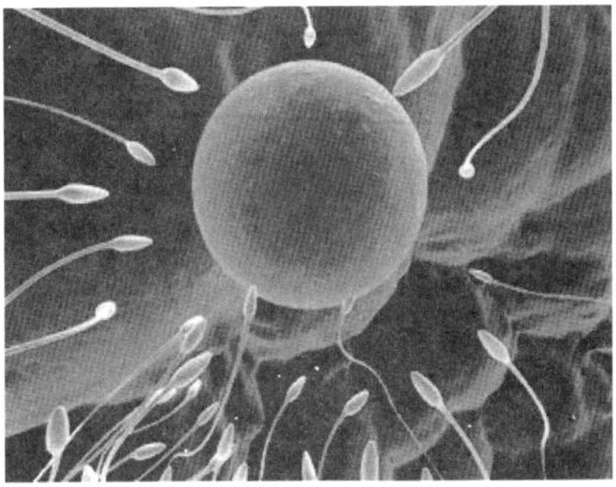

Además, el líquido seminal contendrá ácido ascórbico (8 a 12 mg/dl), ácido cítrico (350 a 600 mg/dl), fructosa (200 a 400 mg/dl) y glicerilfosforilcolina (15 a 45 mg/dl). Una eyaculación generalmente producirá de 1.5 a 5 centímetros cúbicos de semen.

El pH de este líquido ha de ser de 6 a 9, su color blanco opalescente, su licuefacción se presentará después de 15 a 60 minutos y generalmente deben encontrarse entre **40 millones a 250 millones de espermatozoides, por cada centímetro cúbico**, de los cuales más del 50% deben estar vivos, más del 50% de ellos deben estar en movimiento y más del 60% deben tener un aspecto normal.

Para que se produzca la fecundación del óvulo el semen debe contener más de 20 millones de espermios por mililitro. Por debajo de esta cifra se hablará de esterilidad o infertilidad masculina.

• • •

… ¿Tomas la idea?

¿Qué, Cómo y Cuándo evolucionaron todas esas partes para formar ese proceso tan perfecto y complicado?
... No solo en los seres humanos, pero también en Todos los animales, aves, etc.?

La Biblia dice:
"Como tú no sabes cuál es el camino del viento, o cómo crecen los huesos en el vientre de la mujer encinta, así ignoras la obra de Dios, el cual hace todas las cosas" (Eclesiastés 11:5)

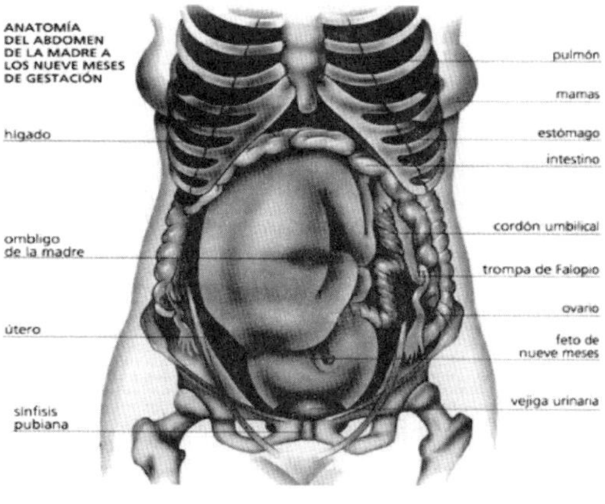

¿Y qué decir del diseño del cerebro, la piel, la sangre, los ojos, oídos, olfato, gusto, tacto…?

...Y quieren que creamos que **"LA NADA"** es tan inteligente y poderosa que pudo hacer que toda la materia, el espacio y la energía que hay en el Universo fuera concentrada en un punto más pequeño que un átomo; y diera leyes tan precisas e inviolables en todo lo que existe en la tierra y en los cielos, que aún en la súper era tecnológica y con la mayor cantidad de científicos jamás concentrada en la tierra,

TODAVÍA estamos aprendiendo las maravillas de las cosas que vemos que existen, visibles e invisibles.

En lugar de usar la lógica y la razón de la cual hemos sido dotados; y en lugar de ser sinceros y agradecidos, hemos preferido alentar nuestro orgullo insatisfecho porque "no tenemos todas las respuestas" y como consecuencia de nuestra negación, vivimos nuestras vidas sin el sentido y la satisfacción que debiéramos manifestar.

Veamos este pequeño resumen, sobre la teoría de la evolución[47]:

Existen muchos problemas con la teoría de la evolución:

La Segunda Ley de la Termodinámica no permite que el desorden produzca orden. El desorden o entropía del universo nunca disminuye sino que siempre aumenta con el tiempo. ¿Como puede ser que el hombre, un organismo extremadamente complejo (orden) pueda evolucionar de un organismo tan simple como una bacteria (desorden)?

La probabilidad de que el ADN se forme al azar requiere mucho más tiempo que la edad del mismo universo. Se tardaría más de 10^{75} años (el numero 1 seguido por 75 ceros).

Los científicos no pueden probar el origen de la vida de algo sin vida.

La mayoría de mutaciones son perjudiciales resultando en la extinción del organismo, aunque hay algunas que son neutrales.

La evolución no tiene explicación para la fotosíntesis.

La evolución no tiene explicación para la metamorfosis.

La evolución tiene un punto de vista limitado ya que solamente intenta explicar el origen de las especies una vez que la vida ya esté presente en el planeta e ignora el proceso total de la creación del universo.

La evolución no tiene explicación de cómo el hombre adquirió su estado conciente e inteligencia.

El ojo y el oído humano tienen una complejidad irreducible para ser un producto de la casualidad. El ojo sin retina, o sin nervios ópticos, o sin córnea, o sin iris, etc. es inservible. Es imposible que este órgano pudiera "evolucionar" gradualmente.

La evolución no tiene explicación para el proceso de coagulación de la sangre.

Cuando una persona muere, el cuerpo genera endorfinas para hacer la muerte menos traumática. ¿Cómo puede ser que la evolución desarrolle un proceso para hacer la muerte más fácil ya que esto obviamente no ofrece ventaja alguna para la supervivencia del organismo?

¿Cómo puede ser que la mariposa pase por cuatro etapas de vida (huevo, oruga, capullo, mariposa) y solamente la mariposa pueda ser capaz de reproducirse?

La evolución no tiene explicación para el altruismo en los animales e insectos. Por ejemplo, ¿cómo puede ser que un ejército de hormigas o abejas (que no pueden reproducirse) sirvan a una reina (la única que puede reproducirse)?

La evolución no tiene explicación de cómo el universo ha sido creado con suma precisión para que la vida humana exista. Esto es "principio antrópico".

En resumen, es bastante obvio que se necesita mucha más fe para creer en la teoría de la evolución biológica que la que se necesita para creer que Dios es el creador del universo.

El que cree que la evolución ha sido real, tiene una fe mayor que la de todos los religiosos

Como hemos visto, El origen del universo
Entra en el mundo de Los **dogmas de fe.**

Esta es mi sugerencia:

- **Saquemos** la enseñanza de la evolución de las escuelas públicas y de las universidades, al igual que la enseñanza de la creación.

- Usemos los centros de enseñanza, para enseñar **ciencia y no dogmas**. La ciencia pura es muy hermosa. ¡Enseñémosla!

Si alguien desea conocer sobre los orígenes, hay que enviarle a los lugares donde se enseñan los dogmas de fe (los evolucionistas tendrán que ser considerados como otra religión más)

Ahora, si alguien me pregunta:

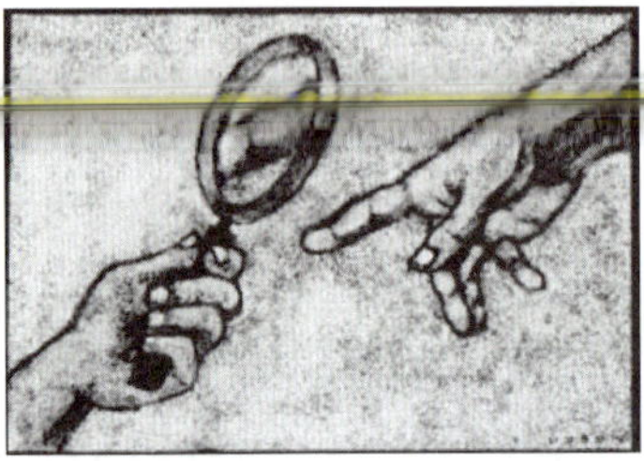

- Usted que ha estudiado, ¿Cómo se atreve a creer en Dios?

Tranquilamente le puedo contestar:
- Porque dejé de creer ¡El Cuento de la Evolución!

Hablando de las maravillas que existen, pasemos ahora a analizar algo que es muy pequeño y a la vez muy complejo: **La célula**

Todas las células tienen una estructura común con tres elementos básicos: la membrana plasmática, el citoplasma y el material genético o ADN (ácido desoxirribonucleico).

No fue sino hasta el final del siglo XIX que se elaboró la teoría celular, que dice: "Todos los seres vivos están constituidos por una o más células, es decir, la célula es la unidad morfológica de todos los seres vivos"

La célula contiene toda la información sobre la síntesis de su estructura y el control de su funcionamiento; y es capaz de transmitirla a sus descendientes, es decir, la célula es la unidad genética autónoma de los seres vivos.

La célula es capaz de realizar todos los procesos necesarios para permanecer con vida, es decir, la célula es la unidad fisiológica de los organismos.

Las células tienen la capacidad de realizar las tres funciones vitales: nutrición, relación y reproducción. Todos los científicos saben que **toda célula proviene de otra célula.**

"El cuerpo humano contiene cerca de 10 billones (10,000,000,000,000) de todo tipo de células: **del cerebro, del sistema nervioso, del sistema muscular, del aparato digestivo y otros."**

Cada célula humana tiene un núcleo y dentro de cada núcleo hay 46 cromosomas.

Cada cromosoma tiene una cadena de ADN que parece una escalera curva llamada hélix. Cada cadena del ADN está compuesta por combinaciones de genes, como si cada escalón de la escalera fuera un gene.

Estas cadenas se envuelven alrededor de las miles de proteínas que existen dentro de cada célula y que son producidas por la célula misma. Sin ellas no habría vida.

Toda la información sobre el ser humano está escrita en los genes que integran los 23 pares de cromosomas responsables de la función específica de cada célula.

El ADN es una cadena que contiene el código para todos nuestros atributos físicos así como las instrucciones para todas las funciones del cuerpo, incluyendo crecimiento, desarrollo, y reproducción. En resumen, los genes están hechos de ADN.

EL CASO DEL GENOMA

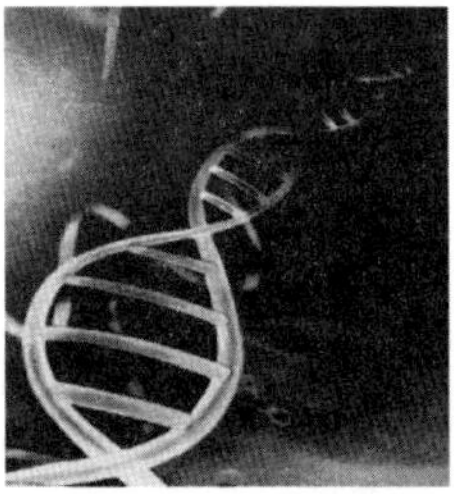

El diccionario define el genoma como el conjunto de genes que especifican todos los caracteres de un organismo. O sea, es todo el material genético de un ser vivo. El genoma se divide en cromosomas.

Los cromosomas contienen aproximadamente 80.000 genes, los cuales son responsables de la herencia; y los genes son porciones del ácido desoxirribonucleico, o ADN.

En otras palabras, el Genoma es el juego completo de instrucciones hereditarias para la construcción y mantenimiento de un organismo, que pasa a la siguiente generación. Es el código que hace que seamos como somos

"En el año 2003 los científicos finalizaron La secuencia del genoma Humano"

La importancia de conocer acabadamente el genoma es que todas las enfermedades tienen un componente genético, tanto las hereditarias como las resultantes de respuestas corporales al medio ambiente.

Como la información contenida en los genes ya ha sido decodificada, permitirá a la ciencia conocer, mediante

tests genéticos, qué enfermedades podrá sufrir una persona en su vida.
También con ese conocimiento se podrán tratar enfermedades hasta ahora incurables.

¿Sabes qué dice la Biblia?

Dios creó al hombre con la capacidad de razonar y entender; de aprender y juzgar; y lo hizo responsable de la administración de todos los bienes de la tierra **(Gen. 1: 26-28)**.

[Nótese que no dice de la luna, ni del sol, ni de los planetas, etc.]

La Biblia también nos dice:

"Dios da el cuerpo como Él quiso, y a cada semilla su propio cuerpo. No toda carne es la misma carne, sino que una carne es la de los hombres, otra carne la de las bestias, otra la de los peces, y otra la de las aves" (1 Cor. 15: 38-39)

¡Seamos buenos Administradores!
Dios espera que, como administrador de Sus bienes, el hombre le sea fiel y no abuse de su privilegio; respete el diseño de lo que está creado y no corrompa o altere la naturaleza de aquello que está bajo su dominio.

¿Está el hombre Cumpliendo?

Analicemos esa pregunta...

Alrededor del año 1500, una falsa convicción filosófica llevó a un hombre italiano llamado Nicolás Maquiavelo, a declarar una frase que ha sido causante de grandes males en la sociedad.

Él dijo: "El fin justifica los medios"

Hoy en día hay algunas personas inescrupulosas que, en nombre de la ciencia y con la excusa de buscar soluciones a grandes problemas de salud, han decidido violar la naturaleza de la creación de Dios. Veamos algunos casos...

Muchos otros genomas ya han sido secuenciados.
Entre ellos están: La gallina, El ratón y El chimpancé

¿Sabía usted que, el ADN del ratón **se asemeja más** al ser humano que el del chimpancé?
[http://waste.ideal.es/genoma-raton.htm]

Los datos publicados en la revista "NATURE" en diciembre 2002, nos dicen que:

- Las similitudes entre el hombre y el ratón son, desde el punto de vista genético: iguales en el 99%

- *Sólo 300 genes humanos no están presentes en el roedor; sólo 300 genes del ratón no aparecen en nuestro genoma.*

- *Según los expertos británicos, «podría decirse que somos esencialmente ratones sin cola, aunque conservamos los genes que podrían hacer que desarrolláramos la cola»*

- Sin embargo, solo El 96% del ADN de los chimpancés es similar al de los humanos; y dicen que esa cifra significa que "lo que nos aleja de estos primates son 35 millones de bases diferentes (las letras que conforman la estructura de ADN) y muchas variaciones cromosómicas."

¿Será que se le ocurrirá a alguien decir ahora
Que no descendemos del mono
Sino del ratón?

OH, ¡¡¡NOOOOO!!!

¿Qué crees que algunos científicos están tratando de hacer ahora?[48]

¡Comenzaron la carrera
Para ma*n*ipula*r* el ADN!

Noticia de actualidad: [49]

Científicos británicos pidieron permiso a las Autoridades para crear un embrión fusionando Células humanas con óvulos de vaca

Los científicos planean fusionar un óvulo de vaca con ADN humano. La investigación intenta estudiar algunas de las más debilitantes e incurables enfermedades neurológicas."

"Para ese fin, los investigadores del King's College de Londres y la Universidad de Newcastle solicitaron una licencia de tres años a la Autoridad de Embriología y Fertilización Humana de Gran Bretaña."

"Los embriones humano-bovinos serán utilizados para obtener células madre y sólo se les permitirá desarrollarse por unos días."

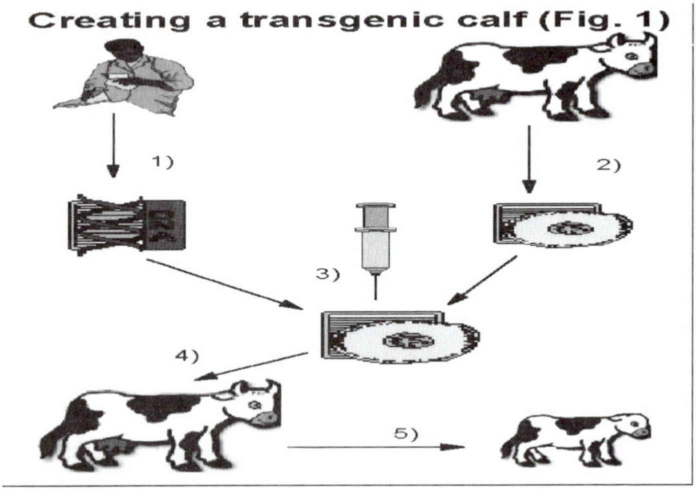

Procedimiento que usan los científicos para crear un embrión fusionando células humanas con óvulos de vaca[50]

(1) Un gene humano responsable de producir una proteína deseada se aísla en un laboratorio.
(2) A un animal se da el tratamiento hormonal para producir una gran cantidad de **embriones**, y los embriones se recogen del oviducto.
(3) El gene humano es insertado en el huevo fertilizado vía la micro-inyección. El ADN del pro-núcleo se inyecta en el embrión fertilizado.
(4) El embrión transgénico se coloca en un sustituto anfitrión que dé a luz al animal transgénico.
(5) El descendiente resultante es entonces probado para el gene nuevo.

¿Y la gallina?

Nota de prensa (Dic- 2004) L. A. GAMEZ/IDEAL
Gallinas y humanos son más parecidos de lo que se pensaba: comparten el 60% de los genes[51]

Científicos de doce países -entre ellos, España- presentan en la revista 'Nature' la secuencia del genoma de la gallina, el primero decodificado de un ave y de un animal de granja. Esta información, repartida en 39 pares de cromosomas -incluido uno sexual-, se traducirá en un futuro cercano en avances en la investigación médica y agroalimentaria, según los expertos.

«Las gallinas y los humanos resultan, en algunos casos, infectados por los mismos virus, bacterias y parásitos», explicaba ayer Jerry Dodgson, microbiólogo y genetista de la Universidad del Estado de Michigan (MSU) y uno de los coordinadores del Consorcio Internacional para la Secuenciación del Genoma de la Gallina.

Modelo de investigación

«Somos más parecidos a los pájaros de lo que creíamos. Alrededor del 60% de los genes que codifican proteínas en la gallina tienen su equivalente en el hombre», destacaba ayer Peer Bork, del Laboratorio Europeo de Biología Molecular, una de las 49 instituciones que han participado en el proyecto.

La gallina es un importante modelo de investigación biomédica porque es fácil de mantener, se reproduce rápidamente y es sencillo determinar los diferentes linajes por las características físicas.

Su genoma está compuesto por 1.000 millones de pares de letras químicas -un tercio de los del hombre- que se reparten en 39 pares de cromosomas, uno de los cuales determina el sexo: los machos tienen dos cromosomas Z, mientras que en las hembras ese par está formado por uno Z y uno W.

Esta ave de corral tiene entre 20.000 y 23.000 genes, cuyos primeros estudios ya han dado algunas sorpresas. >>

Otra noticia relacionada:

Científicos británicos crean gallinas con genes humanos[52]

Están genéticamente modificadas y ponen huevos con proteínas útiles para fabricar fármacos contra el cáncer y otras enfermedades. Los expertos pertenecen al instituto Roslin de Edimburgo, donde se creó la oveja clonada Dolly.

Científicos británicos crearon varios tipos de gallinas genéticamente modificadas capaces de poner huevos que contienen proteínas útiles para fabricar fármacos contra el cáncer y otras enfermedades, informa hoy "The Sunday Times".

Los expertos del instituto Roslin de Edimburgo (Escocia), donde se creó la oveja clonada Dolly, **han criado 500 gallinas** ponedoras a partir de una especie común llamada ISA Brown, cuyo ADN manipularon con la introducción de genes humanos productores de proteínas.

Esas proteínas humanas se localizan después en la clara del huevo, de la que pueden extraerse fácilmente para la elaboración de fármacos, explica el periódico.

Uno de los tipos de gallina creado por los científicos de Roslin produce interferona, un agente antiviral que se utiliza a menudo en los fármacos contra la esclerosis múltiple.

Otro tipo produce miR24, que podría emplearse en un medicamento experimental con potencial para tratar cánceres de piel y artritis, según el periódico.

"Esto tiene el potencial de convertirse en una muy buena manera de producir medicamentos especializados", declaró al rotativo Karen Jervis, de la empresa de biotecnología Viragen, que ha colaborado en el proyecto. "Hemos criado cinco generaciones de gallinas y hasta ahora todas continúan produciendo grandes concentraciones de fármacos", añadió.
Fuente: EFE

¿Y qué de los ratones?

Noticia de Actualidad. (Fuente: Reuters. 23-09-2005)

Los científicos implantan un cromosoma humano en ratones[53]
Londres.-Los científicos han transplantado un cromosoma casi completamente humano en ratones en un gran paso técnico y médico que podría aportar una nueva comprensión del síndrome de Down y otros trastornos.

En una investigación publicada en la **revista Science**, los investigadores describieron cómo retiraron los cromosomas de las células humanas. Los cromosomas se hallan en el núcleo de la célula y contienen los genes.

El cromosoma humano fue mezclado con células madre embrionarias de ratón y se les añadió una sustancia que hizo que ambas se fusionaran.

Las células madre que absorbieron el cromosoma 21 fueron luego inyectadas en el embrión del ratón que fue reimplantado a la madre. El ratón resultante tiene una copia del cromosoma humano.>>

El tema de la clonación nos lleva más lejos...

¿Recuerdan a Dolly?
(La oveja clonada en el año 1996)

Fue el primer animal clonado a partir del ADN derivado de una oveja adulta en vez de ser utilizado el ADN de un embrión. Para clonarla fueron necesarios **277 intentos** para producir este nacimiento.

Pues bien, ahora se busca poder clonar **los seres humanos.**

Esta perspectiva es la que, obviamente, ha despertado esa mezcla de ansiedad, temor y fascinación en la opinión pública.

> Como dicen por ahí: El ciudadano actual percibe los adelantos científicos con cierta ambivalencia: si bien reconoce como positivos el avance del conocimiento y del bienestar, es igualmente consciente de que pueden acarrear problemas ambientales y amenazar valores y creencias importantes para la cohesión social.

Como es sabido, cuando una técnica se pone a punto en un animal doméstico o de laboratorio, **sólo es cuestión de tiempo y dinero** el que pueda ser aplicada a humanos.

Quiero hacer eco y unirme a la opinión del señor Horacio Ricciardelli, presidente del Movimiento Cívico-militar CONDOR (Comunidad Nativa de Organizaciones Regionales), en el artículo que encontré en su página Web: http://www.mov-condor.com.ar/cristianismoyvida/embrioneshibridos.htm El cual transcribo a continuación:

"Creación de embriones «cíbridos»

A inicios de septiembre de 2007 la Autoridad Británica para la Fertilización y la Embriología (cuyas siglas en inglés son HFEA) publicó un estudio favorable a la legalización de experimentos que produzcan y usen embriones humanos «cíbridos» (un tipo especial de embriones «híbridos»).

¿Cómo funcionarían esos experimentos? Los laboratorios tomarían algunos óvulos de animales. Después de quitarles el núcleo, introducirían en los mismos el núcleo de una célula humana, y luego activarían el óvulo de forma que se desarrollase como si fuese un embrión.

El recurrir a óvulos de animales tiene varias motivaciones. Entre otras, se evitan peligros que se dan en las mujeres cuando participan como donadoras de óvulos en este tipo de experimentos.

Además, aumentaría notablemente la disponibilidad de óvulos para la experimentación, pues son menos los obstáculos que existen a la hora de extraerlos de animales.

¿Qué se obtendría con este tipo de experimentos? Se obtendría un ser vivo con un ADN humano en el núcleo y con otros materiales biológicos (citoplasma, mitocondrias) no humanos.

Este ser vivo ha sido llamado en inglés «cytoplasmic hybrid embryo» (también llamado «cybrid embryo»), «embrión híbrido citoplasmático», en cuanto contendría ADN humano y ADN animal (presente en las mitocondrias).

El ADN humano sería más del 99 % del ADN total, por lo que se supone que este embrión sería prácticamente un embrión humano, aunque sobre este punto puede haber ciertas dudas en el mundo científico, como diremos en seguida.

El proyecto no es totalmente nuevo, pues ya se han realizado algunos experimentos de este tipo en China y en Estados Unidos.

Hay que tener en cuenta, además, que en Gran Bretaña la ley permite producir embriones humanos destinados a la investigación (es decir, destinados a ser destruidos en un experimento).

Lo que ahora se propone es autorizar la creación y uso de embriones híbridos citoplasmáticos.

Conviene dejar claro que no estamos ante un clon, sino ante un híbrido especial, en el que inicialmente el citoplasma es no humano y el núcleo sí es humano.

No se trataría, por tanto, de un híbrido en sentido estricto, que sería posible a través de fecundar un óvulo animal con un espermatozoide humano (o un óvulo humano con un espermatozoide animal).

Por lo tanto, ahora no hablamos de embriones híbridos normales (en el caso de que sea posible conseguir tal hibridación), sino de la eventual creación de «embriones híbridos citoplasmáticos».

Las preguntas ante esta propuesta son muchas. La primera, la más importante, es: ¿qué se obtiene al hacer un embrión híbrido citoplasmático? ¿Es de verdad un embrión? ¿Es un embrión humano?

Para algunos, la respuesta sería afirmativa. Pero otros tienen serias dudas: ¿no se trataría de una nueva especie animal en la tierra, a mitad de camino entre lo humano y lo no humano? ¿No sería simplemente un puñado de células desorganizado y, por lo tanto, que no llegaría a convertirse en un verdadero embrión?

A la hora de emitir un juicio ético hay que tener en cuenta las diversas alternativas. Si el resultado del experimento fuese un embrión humano, merecería el respeto propio de todo ser humano: es injusto producirlo y crearlo para luego destruirlo, como es sumamente injusto el que ya sea posible crear y destruir embriones humanos usando óvulos humanos.

Si para algunos la hibridación produciría un embrión humano «especial» o raro, ello no quitaría su valor, su dignidad: todo ser humano merece ser respetado y acogido, defendido y tratado simplemente por ser lo que es, por su condición humana, que le hace merecedor de un trato justo y de la protección ante cualquier tipo de agresiones por parte de otros.

En cuanto a los que tengan serias dudas sobre la condición humana del embrión híbrido citoplasmático, la ética nos dice que tampoco en ese caso sería lícito emprender estos experimentos, mientras no se supere el estado de duda.

Nunca será correcto usar y destruir un ser vivo producido en laboratorio sobre el que se duda de si sea o no sea un individuo humano.

En caso de duda no podemos trabajar con realidades biológicas que pudieran tener el valor propio de todo ser humano.

Por lo mismo, este tipo de experimentos debería quedar totalmente prohibido mientras subsista la duda de si se estarían produciendo seres humanos, aunque fuesen seres humanos «especiales»: tener una diferencia especial o algo «raro» no debe convertirse nunca en motivo para tratar a un ser humano como animal de laboratorio.

La segunda pregunta gira en torno al fin que se quiere dar a este tipo de experimentos. Según nos dicen, la creación de embriones híbridos permitiría producir células madre con el mismo ADN de personas con enfermedades como el Alzheimer, el Parkinson o parecidas, para ver cómo se desarrollan tales células y así estudiar las posibles maneras de prevenir o paliar esas enfermedades.

El juicio ético sobre el fin supuestamente terapéutico de estos experimentos depende de la respuesta a la primera pregunta: ¿cuál es el resultado obtenido en el laboratorio al introducir ADN humano en un óvulo animal al que se ha quitado el propio núcleo?

Si se trata de embriones humanos, nunca pueden ser usados, ni siquiera para el progreso de la medicina, pues ello va contra la ética y contra la justicia. Si no hay una respuesta clara, tampoco sería lícito usar esos embriones mientras no se salga de la duda.

Hemos de recordar que nunca un fin bueno puede justificar un medio malo. Descubrir nuevas terapias para enfermedades sumamente dolorosas no hace éticamente bueno un experimento que pueda ir contra la dignidad y contra la vida de embriones que sean humanos o sobre los que exista una mínima duda acerca de su posible condición humana.

La investigación científica sobre embriones híbridos es, por lo tanto, éticamente reprobable. Los médicos, los científicos y la sociedad entera mostrarán su amor a la justicia y su respeto de los principios éticos fundamentales si rechazan y logran bloquear una experimentación tan llena de dudas y tan contraria al respeto que merece cualquier ser humano, aunque sea un embrión pequeño y desvalido. >>

Sabemos que el tema de la clonación no es del todo nuevo. A continuación presento un resumen de las principales investigaciones que se han hecho sobre el mismo[54]:

· 1952: Obtención de ranas a partir de células de un embrión. Robert Briggs y Thomas King. Universidad de Pennsylvania. (USA).

· 1967: Clonación de Xenopus laevis (rana africana) partiendo de células intestinales de animales adultos. Los animales morían sin llegar a adultos. John Gurdon.

· 1980: Clonación de renacuajos a partir de glóbulos rojos. Igual que en el caso anterior los animales morían sin alcanzar el estadio adulto. Allegheny University of the Health Science. San Luis (USA).

· 1981: Se consigue clonar ratones, pero los animales morían en estado embrionario con graves malformaciones.

· 1985: Obtención de ovinos partiendo de células embrionarias. Steem Willadsen. Institute of Animal Physiology. Cambridge.

· 1986: Clonación de la primera vaca partiendo de una célula embrionaria de seis días. Neal First. Universidad de Madison (USA).

· 1995: Nacimiento de las ovejas Megan y Morag, clonadas a partir de células fetales. Ian Wilmut y

Keith Campbell. Instituto Roslin. Edimburgo (Escocia).

· 1996: Nacimiento de la oveja Dolly, clonada a partir de células mamarias de una oveja adulta. Ian Wilmut y Keith Campbell. Instituto Roslin. Edimburgo (Escocia).*

· 1997: Nacimiento de la oveja Polly, clonada a partir de células fetales. También es transgénica. Instituto Roslin. Edimburgo (Escocia).

· 1997: Clonación de un bovino a partir de células embrionarias de tejido conectivo. Universidad de Massachusetts (USA).

· 1997: Clonación de decenas de ratones partiendo de células foliculares. Universidad de Hawai. (USA)

· 1998: Nacimiento de la vaca Marguerite, clonada a partir de células musculares fetales. (Francia).

· 1998: Obtención de terneros a partir de células intestinales de una vaca. Ishikawa (Japón).

· 1999: Nacimiento de cinco cerdos clónicos, obtenidos con el mismo procedimiento que Dolly. Virginia (USA).

(*)N.A: La gran novedad que se consiguió en el año 1996 consiste en que la oveja Dolly fue el primer mamífero clonado a partir de células de un animal adulto. Ya se había conseguido antes partiendo de células embrionarias o fetales. >>>

Pero...

...Recordemos que Dios espera que el hombre, como administrador de Sus bienes, le sea fiel.
Parte de la fidelidad consiste en no abusar de su privilegio, **respetar** el diseño de lo que está creado y no **corromper o alterar la naturaleza** de aquello que está bajo su dominio.

¿Qué está sucediendo entonces?

Hemos visto que la **evolución**, que dice que de algo más pequeño que un átomo se formó todo lo que existe, **no sirve** para dar una razonable explicación de la incontable variedad de fauna y flora (animales, aves, vegetales, mosquitos, flores...) minerales... (Sin mencionar nuestra real y propia existencia como ser humano racional y pensante)

Entonces, nos preguntamos:
¿Por qué tantas personas se aferran tenazmente a una creencia que tiene tantas deficiencias?

¿Qué es lo que ha cambiado en nuestro mundo?
Hace pocas generaciones que en algunos países y comunidades era prohibido enseñar la teoría de la evolución. En general, la Biblia era aceptada como un relato verdadero y confiable de nuestros orígenes.

Pero ahora predominan conceptos muy diferentes. La Biblia está prácticamente proscrita en las escuelas, y un estudio serio del punto de vista bíblico de la creación del universo — y del origen del hombre — está prohibido.

Al mismo tiempo, en algunas ocasiones el análisis crítico de la teoría de la evolución es suprimido tajantemente en los círculos académico y científico.

¿Por qué en las escuelas y universidades se enseña que la evolución "es un hecho comprobado" cuando esto en una terrible **mentira,** ya que **ninguna ciencia** (ni la genética, ni la paleontología, ni la astronomía, ni la geología, ni la biología, ni la zoología, ni la antropología, ni la física, ni la química, etc.) ha podido NUNCA verificar ninguna teoría evolucionista?

Como veremos, lo que el apóstol Pablo comentó acerca de los filósofos de su época, también se aplica en nuestros días:

> *"Lo que de Dios se conoce les es manifiesto, pues Dios se lo manifestó. Porque las cosas invisibles de él, su eterno poder y deidad, se hacen claramente visibles desde la creación del mundo, siendo entendidas por medio de las cosas hechas, de modo que no tienen excusa".*
>
> *"Pues habiendo conocido a Dios, no le glorificaron como a Dios, ni le dieron gracias, sino que se envanecieron en sus razonamientos, y su necio corazón fue entenebrecido.* **Profesando ser sabios, se hicieron necios...***"*
>
> (Romanos 1:19-22)

Pero... La religión no está Libre de culpa

Según las palabras del físico británico Alan Hayward:[55]

"Cuando los primeros padres de la iglesia afirmaban que el mundo era plano, creían que estaban defendiendo lo que decía la Biblia.

Pero lo que estaba ocurriendo en realidad era que estaban **defendiendo sus interpretaciones erróneas de la Biblia**. A la larga, lo que lograron con esta conducta fue darle a la gente la impresión de que en la búsqueda del conocimiento, el cristianismo se oponía al método científico"

Conviene notar que las primeras batallas entre los científicos y la Biblia se libraron debido a interpretaciones erróneas de la Biblia; NO a lo que realmente dice la Palabra de Dios.

Como nos relatan Starr-Taggart en su compendio titulado "Biología, la unidad y diversidad de la vida"[56]:

"De cuando en cuando los científicos suscitan controversias cuando explican algo que se creía que se encontraba más allá de la explicación natural o que pertenecía a lo sobrenatural. Este caso se da a menudo cuando los códigos morales de la sociedad se encuentran entretejidos con narraciones religiosas."

"Explorar una opinión perdurable del mundo natural desde el punto de vista científico podría malinterpretarse como un cuestionamiento de la moralidad, aunque ambos conceptos sean distintos."

"Por ejemplo, hace varios siglos, en Europa, Nicolás Copérnico estudió los planetas y llegó a la conclusión de que la tierra giraba en torno al Sol. En la actualidad esto nos parece algo evidente, pero entonces fue considerado como una herejía."

"En ese entonces la creencia predominante era que Dios había creado la Tierra (y por extensión a los humanos) y la había colocado como centro inamovible del Universo. Posteriormente, un científico respetado, Galileo Galilei, estudió el modelo del sistema solar de Copérnico, y consideró que era bueno y así lo dijo. Sin embargo, fue obligado a retractarse públicamente de rodillas y tuvo que decir que la Tierra era el centro fino de todas las cosas"

Es también mi parecer, de acuerdo a lo que declara el citado autor, que "esto no significa que los científicos que formulen las preguntas sean menos morales, no respeten la ley, sean poco sensibles o no les importe la suerte de las otras personas; simplemente significa que sus trabajos se rigen por una norma adicional: *el mundo externo y no la convicción interna, debe constituir el campo de prueba de las creencias científicas*"

Sin embargo, no debemos dejar a un lado **la lógica** cuando hacemos investigaciones.

… Vemos entonces que la teoría darviniana ha sido aceptada tan ampliamente, más que todo, como **un grito de protesta**;

Pero...

Como consecuencia, se ha hecho un gran daño moral y social y ha tenido un efecto muy grande y terrible en millones de personas.

Sucede entonces que, el ESPÍRITU DEL ANTICRISTO, que está en el mundo desde los tiempos de los apóstoles del Señor **(1 Juan 4:3)** y que se opone a todo lo que se llama Dios y Cristo **(2 Tes. 2:4)**, ha tomado una gran ventaja de esa situación.

Con el poder del **engaño** que tiene, ha hecho ver lo malo como bueno, y lo bueno como malo... Y está provocando que millones de personas no crean en Dios y se llamen ateos.

Es que debemos entender que la lucha que se libra por las almas de los seres humanos,

¡Es espiritual!

La Biblia nos advierte:

> *"Sed sobrios, y velad; porque vuestro adversario el diablo, como león rugiente, anda alrededor buscando a quien devorar; Al cual resistid firmes en la fe"* (1 Pedro 5: 8-9)

También nos dice la Biblia:

"Por lo demás, hermanos míos, fortaleceos en el Señor, y en el poder de su fuerza.

Vestíos de toda la armadura de Dios, para que podáis estar firmes contra las asechanzas del diablo.

Porque ***no tenemos lucha contra sangre y carne, sino contra*** *principados, contra potestades, contra los gobernadores de las tinieblas de este siglo, contra huestes espirituales de maldad en las regiones celestes."*
(Efesios 6: 10-12)

La teoría que llevó a Darwin a descartar la Biblia y rechazar la existencia de Dios en los salones de clase y en toda la sociedad

No es coincidencia que Carlos Marx, el padre del comunismo, le preguntó a Darwin si podía dedicarle su obra maestra "El Capital" o si Darwin estaría dispuesto a escribirle el prólogo; porque Carlos Marx creía que Darwin le había dado las bases científicas para el comunismo.

Se dice que Darwin declinó discretamente la oferta.[57]

Más adelante, Adolfo Hitler aplicó de hecho al género humano el concepto darviniano de "la supervivencia del más apto".

Durante la segunda guerra mundial los nazis esterilizaron a más de dos millones de personas y comenzaron a exterminar sistemáticamente a las que Hitler consideraba inferiores.

Los nazis justificaron sus hechos al decir que le estaban haciendo un favor a la humanidad, porque estaban llevando a cabo **"una depuración genética" para mejorar las razas**[58]

Sin palabras…

A propósito,

¿Sabías que la **evolución** es la **única filosofía** que puede utilizarse para justificar:

- Los cientos de millones de niños despedazados antes que vieran la luz del día, por medio del abominable INFANTICIDIO MUNDIAL, llamado Aborto
- La rampante inmoralidad y desorden sexual, que ha acarreado la Pornografía
- El desprecio a la vida de otros seres humanos, bajo la imagen del Racismo y en Nazismo
- Otros grandes desórdenes de conducta que hoy vemos en nuestra moderna sociedad

¿Debiéramos callar o hablar?

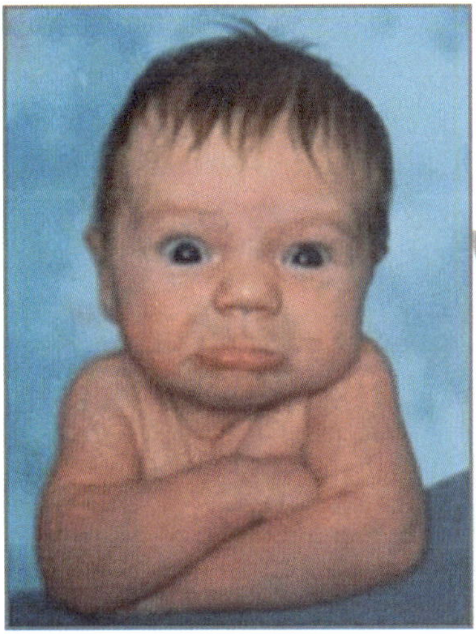

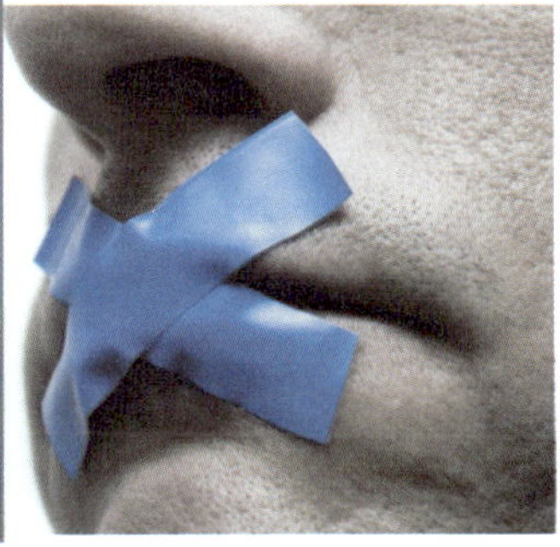

Esto nos dice la Biblia:

"Te encarezco delante de Dios y del Señor Jesucristo, que juzgará a los vivos y a los muertos en su manifestación y en su reino, que prediques la palabra; que instes a tiempo y fuera de tiempo; redarguye, reprende, exhorta con toda paciencia y doctrina.

Porque vendrá tiempo cuando no sufrirán la sana doctrina, sino que teniendo comezón de oír, se amontonarán maestros conforme a sus propias concupiscencias, y apartarán de la verdad el oído y se volverán a las fábulas. Pero tú sé sobrio en todo, soporta las aflicciones, haz obra de evangelista, cumple tu ministerio" **(2 Tim. 4: 1-5)**

¿Será cierto que tenemos alternativas y que hay 2 caminos?

Jesús dijo:

> *"Entrad por la puerta estrecha; porque ancha es la puerta, y espacioso el camino que lleva a la perdición, y muchos son los que entran por ella; Porque estrecha es la puerta, y angosto el camino que lleva a la vida, y pocos son los que la hallan"* (Mateo 7:13-14)

Los dos caminos son reales.
Todo depende de cuál es el camino que estés recorriendo cuando te llegue la hora de salir de este mundo. No te dejes engañar. Es TU propia alma la que está en peligro.

El futuro del Alma.

En el libro de **1 Tesalonisenses, capítulo 5 versículo 23**, la Biblia nos dice que todos los seres humanos tenemos:

- Espíritu, Alma, y Cuerpo

También nos dice la Biblia en el libro de **Eclesiastés**, que cuando llegue la muerte, y tengamos que dejar este mundo:
"... *Y el polvo [**cuerpo**] vuelva a la tierra, como era, y el **espíritu** vuelva a Dios que lo dio*"

(Ecl. 12:7)

¿Y el **alma**?

Irá a uno de dos lugares: Cielo o Infierno.

De todo lo que posees, el alma es lo más valioso.

Jesús también dijo:

> "*¿Qué aprovechará al hombre, si ganare todo el mundo, y perdiere su alma? ¿O qué recompensa dará el hombre por su alma?*" **(Mat. 16:26)**
>
> "*No temáis a los que matan el cuerpo, mas el alma no pueden matar; temed más bien a Aquel que puede destruir el alma y el cuerpo en el infierno*" **(Mat. 10:28)**

¿Quieres saber qué debes hacer?

Niveles de responsabilidad.

Reconoce que

tú también

Tendrás que comparecer ante el tribunal de Dios...

La Biblia nos dice:

> "Mirad a mí, y sed salvos, todos los términos de la tierra; porque yo soy Dios, y no hay más"
> (Isaías 45:22)
>
> *"... Anda en los caminos de tu corazón y en la vista de tus ojos; pero sabe, que sobre todas estas cosas te juzgará Dios"*
>
> *"El fin de todo el discurso oído es este: Teme a Dios y guarda Sus mandamientos; porque esto es el todo del hombre.*
>
> *Porque Dios traerá toda obra a juicio, juntamente con toda cosa encubierta, sea buena o sea mala"*
> (Eclesiastés 11:9; 12: 13-14)

(Ver el APÉNDICE #4, para más información)

Además, procura conocer más de Dios y de Su plan para tu vida... Lee y aplica la Biblia. Háblale a otros de lo que has visto y oído. ¡Verás resultados sorprendentes!

Jesús dijo: *"Yo soy la luz del mundo. El que me sigue, no andará en tinieblas, sino que tendrá la luz de la vida"* (Juan 8:12)

Otra cosa que debieras hacer es:

Enseñar a tus hijos.

La Biblia dice:

"Instruye al niño en su camino, y aún cuando fuere viejo no se apartará de él" (Proverbios 22:6)

¡Hágase responsable de enseñar a sus hijos! No deje que ningún sistema sea el responsable de algo tan vital para el futuro de sus propios hijos

¡Haga su parte! *(Lo posible)...*

... Verá cómo Dios hará la Suya ***(Lo imposible)***

(Ver en el APÉNDICE #5, algunas sugerencias sobre cómo podemos hablarles a nuestros hijos sobre este tema)

Una noticia que nos da aliento:

Prohíben teorías de Darwin en Serbia[59]

Sucesos 17 de sep, 2004

<<BELGRADO, (Reuters).- La ministra de Educación de Serbia, Ljiljana Colic, ordenó a las escuelas que dejen de enseñar a los niños la teoría de la evolución durante este año y que reanuden esa asignatura en el futuro, solamente si se le otorga el mismo peso que al creacionismo.

La decisión sorprendió a los educadores y a los editores de libros de texto en el Estado ex comunista, donde la religión se mantuvo fuera de la educación y la política y muy recientemente se permitió su ingreso a las aulas.

El darwinismo "es una teoría tan dogmática como la que dice que Dios creó al primer hombre", dijo Colic al diario Glas Javnosti."

Colic, una cristiana ortodoxa, ordenó que se descarte la teoría de la evolución del curso de biología de este año para los adolescentes de 14 y 15 años en el último grado de la escuela primaria.

A partir del próximo año, se enseñará tanto el creacionismo como la teoría de la evolución, agregó."

“El creacionismo enseña que un ser sobrenatural creó al hombre y al universo.

La mayoría de los científicos consideran a "la creación" como un dogma religioso y no una ciencia.

"Ambas teorías existen en paralelo y legítimamente en el resto del mundo", afirmó Colic. "El evolucionismo, que dice que el hombre desciende del mono, y la que dice que Dios Todopoderoso creó al hombre y a todo el mundo", dijo.>>

Quiera Dios que en todas partes del mundo se levanten personas valientes, como esa ministro de Educación de Serbia, que se atrevan a resistir creer **“El Cuento de la Evolución”**

Para que todos, algún día podamos Unirnos a las voces que, sin cesar, declaran en el cielo:

> *"Señor, digno eres de recibir la gloria y la honra y el poder; porque tú creaste todas las cosas, y por tu voluntad existen y fueron creadas"*
>
> *"Y siempre que aquellos seres vivientes dan gloria y honra y acción de gracias al que está sentado en el trono, al que vive por los siglos de los siglos, los veinticuatro ancianos se postran delante del que está sentado en el trono, y adoran al que vive por los siglos de los siglos, y echan sus coronas delante del trono, diciendo: "Santo, santo, santo es el Señor Dios Todopoderoso, el que era, el que es, y el que ha de venir."*
>
> (Apocalipsis 4: 8-11)

Al Rey de siglos, inmortal, invisible, al único y sabio Dios, sea honor y gloria por los siglos de los siglos, Amén.

...El Dios que creó los Cielos y la tierra:
¡Te bendiga y te guarde!

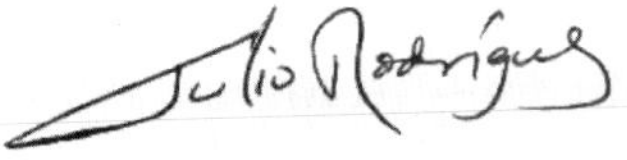

Julio A. Rodríguez, IQ

APÉNDICE #1

A. La singularidad de la Biblia.

¿Por qué la Biblia, y no algún otro libro?[60]

Porque la Biblia es el libro más especial que existe. Es el libro de los libros.

- Realmente es una gran Enciclopedia, compuesta por 66 libros.

- La Biblia requirió cerca de **1.600 años** para escribirse.

- Fue escrita en **tres idiomas** (hebreo, arameo y griego) por cerca de **40 autores**, y es toda ella **internamente coherente**.

- Fue escrita en tres continentes: Africa, Asia, y Europa.

- Fue escrita por gente muy diversa: profetas, sacerdotes, coperos reales, pescadores, etc.

- Hasta 1997, la Biblia había sido traducida total o parcialmente a casi 2.200 lenguajes y dialectos, poniendo las Escrituras al alcance de más del 90 % de la población mundial.

B. Confiabilidad de los documentos bíblicos:

- La Biblia es textualmente pura en un 98,5 %. Esto significa que a través de todo el proceso de copia reiterada de toda la Biblia a lo largo de los siglos, solamente cabe alguna duda acerca del 1,5 % del texto. No existe ninguna obra en absoluto entre los escritos de la antigüedad que siquiera se aproxime a la precisión y exactitud de transmisión que se halla en los documentos bíblicos.

- El 1,5 % del texto sobre el cual hay dudas no afecta en absoluto la doctrina. Estos "errores" son llamadas variantes textuales y consisten principalmente en modificaciones de palabras y ortografía.

- El A.T. no tiene tantos manuscritos que lo respalden como el N.T., pero es de todos modos extremadamente confiable

- La Septuaginta, una traducción del A.T. hebreo al griego realizada entre los siglos III y II antes de Cristo, testimonia la confiabilidad y consistencia del A.T. cuando se la compara con los manuscritos hebreos existentes

- Los rollos del Mar Muerto, descubiertos en 1947, también dan fe de la confiabilidad de los manuscritos del A.T

- Los rollos del Mar Muerto son antiguos documentos que fueron escondidos en cuevas del desierto de Judea hace cerca de 2000 años. Entre ellos había copias completas o fragmentos de casi todos los libros del A.T. Entre ellos, había una copia completa del libro de Isaías.

- Antes de descubrirse los rollos del Mar Muerto, el manuscrito más antiguo existente del A.T. hebreo databa de aproximadamente 900 después de Cristo (d.C.) y constituía el llamado Texto Masorético (del hebreo Massorah, tradición).

- Los rollos contenían manuscritos bíblicos 1000 años más antiguos. La comparación entre ambos grupos de manuscritos demostró una exactitud de precisión a pesar de reiteradas copias, que muchos críticos se vieron obligados a guardar silencio.

- El N.T. tiene el apoyo de más de 5000 manuscritos griegos actualmente en existencia, con 20.000 más en otros idiomas (traducciones antiguas al siríaco, latín, copto, etc.).

Parte de la evidencia manuscrita.

Parte de la evidencia incluye manuscritos copiados menos de un siglo después de haberse escrito los originales. La variación textual en el N.T. es inferior al 1 %.

Fechas estimadas de producción de los documentos del N.T.

- Las cartas de Pablo, 48-66 d.C.
- Mateo, 70-80 d.C.
- Marcos, 50-65 d.C.
- Lucas y Hechos, 60-65 d.C.
- Juan, 80-100 d.C.
- Apocalipsis, 96 d.C.

Algunos de los principales manuscritos existentes del N.T. son:

- El manuscrito John Rylands, escrito hacia 130, el fragmento del N.T. más antiguo conocido.
- El papiro Bodmer II (entre 150 y 200).
- Los papiros Chester Beatty (200), contienen gran parte del N.T.
- El códice Vaticano (325-350), contiene casi toda la Biblia.
- El Códice Sinaítico (350), contiene casi todo el N.T. y más de la mitad del A.T. (versión griega).

Ninguna otra obra antigua puede presumir de tener copias tan próximas al tiempo de su escritura. Para la Biblia, tal diferencia es de 50 años. Como comparación, para Platón o Aristóteles, la diferencia se mide en **siglos**.

- Las probabilidades de que Jesús cumpliese 48 de las principales 61 profecías concernientes a Él son de 1 en 10ee157; esto representa uno dividido un 1 seguido de 157 ceros.

Sin embargo, ¡Jesús las cumplió!

C. La Biblia es también: ÚNICA EN SU SUPERVIVENCIA[61]

Supervivencia a Través De La Persecución

Como ningún otro libro, la Biblia ha soportado los ataques malintencionados de sus enemigos. Muchos han tratado de quemarla, de prohibirla y de "ponerla fuera de la ley desde los días de los emperadores romanos hasta el presente en los países dominados por el comunismo."

Sidney Collet, en All about the Bible, dice: "Voltaire el destacado incrédulo francés que murió en 1778, dijo que cien años después de su época el cristianismo sería borrado de la existencia y pasaría a la historia. ¿Pero que fue lo que sucedió? Voltaire ha pasado a la historia; mientras que la circulación de la Biblia continúa creciendo en casi todas partes del mundo, llevando bendiciones por donde va.

Por ejemplo, la catedral inglesa en Zanzíbar esta construida sobre el sitio del antiguo mercado de esclavos, ¡Y la mesa de la comunión está sobre el mismo lugar en donde en otro tiempo estuvo un poste para los azotes! El mundo abunda con semejantes ejemplos...

Como alguien ha dicho con mucho acierto, "Intentar retener la circulación de la Biblia sería lo mismo como poner a nuestro hombro contra la quemante rueda del sol y tratar de detenerlo en su llameante curso."

En lo concerniente a la jactancia de Voltaire respecto a la extinción del cristianismo y de la Biblia en cien años, Geisler y Nix señalan que "solamente cincuenta años después de la muerte de éste la Sociedad Bíblica de Génova usó la misma prensa y casa de él para producir montones de Biblias" ¡QUÉ IRONIA DE LA HISTORIA!

En el año 303 después de Cristo, Diocleciano expidió un edicto (Cambridge History of the Bible, Cambridge University Press, 1963), para destruir a los cristianos y a su libro sagrado: "... Se promulgó en todas partes una carta imperial, ordenando que las iglesias fuesen demolidas y las Escrituras fuesen destruidas por el fuego, y proclamando que aquellos que detentaban altos puestos perderían todos los derechos civiles, mientras que los que estaban en sus casas si persistían en su profesión del cristianismo serían privados de su libertad."

La ironía histórica del anterior edicto para destruir la Biblia, es que Constantino, el emperador que siguió a Diocleciano 25 años más tarde comisionó a Eusebio para que preparara cincuenta copias de la Escritura a expensas del gobierno.

La Biblia es única en su supervivencia. Esto no prueba que la Biblia sea cierta. No, pero prueba que permanece sola entre los libros. Un estudiante que anda en busca de la verdad debería considerar un libro que tiene las anteriores cualidades únicas.

APÉNDICE #2

EL MÉTODO DE DATACIÓN RADIOCARBÓNICA

Por: Robert L. Whitelaw

El método de datación radiocarbónica fue primeramente propuesto y puesto a punto por Willard F. Libby, por el cual recibió un bien merecido Premio Nobel en 1960.

Efectuando enojosas mediciones sobre materia viviente de todas clases por todo el mundo, el doctor Libby pudo demostrar que todas las células vivientes poseen la misma radiactividad especifica a causa de la presencia de aproximadamente 767 átomos de Carbono-14 por cada mil millones de átomos de Carbono-12.

Mientras la célula vive, se mantiene esta proporción por medio de un ciclo constante establecido entre la materia viva y el dióxido de carbono en el aire y en el mar, que se conoce con el nombre de «depósito de intercambio de carbono».

A continuación demostró, por medio de mediciones atmosféricas a varias latitudes y altitudes, que la velocidad a la que se va reponiendo el Carbono-14 (C14) en este depósito por la acción de los rayos cósmicos es *razonablemente próxima* a la velocidad a la que se desintegra en la materia viviente.

Entonces, él *supuso* que estas dos velocidades son esencialmente iguales, y que así lo han sido durante muchos años. De esta manera «nació» el método de datación radiocarbónica que han utilizado los científicos desde entonces, un período que ya ha cumplido los 20 años [en 1970, en que se publicó este artículo; N. del T.]

La validez de las dos suposiciones anteriores se examinará más adelante. Suponiendo por el momento que fueran correctas, veamos lo sencillo y lo seguro que es el método. Es cosa sencilla calcular el número de años transcurridos desde que la materia viva del espécimen murió hasta la actualidad, midiendo la radiactividad que presenta.

Después de 5.570 años[62], los clics por minuto en un contador Geiger serán la mitad de los que se hubieran registrado en el momento de la muerte; después de 11.140 años el contaje descendería a la cuarta parte; después de 22.280 años se contaría una dieciseisava parte; y así iría disminuyendo.

Lo único que se necesita es una muestra pura sin mezclas de otras materias vivas o muertas a lo largo de los años transcurridos, además de la suposición de que la radiactividad que el espécimen poseía en el momento de su muerte era la misma que la que exhibe la materia viviente en la actualidad, o sea 16,0 desintegraciones por minuto[63] y gramo del carbono total (dpm/g).

Entre los primeros especímenes que dataron Libby y sus colaboradores había algunos anillos de árboles y reliquias de edad «conocida» del antiguo Egipto. La concordancia fue bastante satisfactoria.

En 1952 se publicó el método en forma de libro[64], juntamente con 200 dataciones de especímenes arqueológicos y geológicos reunidos de 30 localidades

muy separadas. Se publicó una segunda edición[65] en 1955, y se incluyó un apéndice especial al final de la mayor parte de los capítulos en la reimpresión de 1965 de la segunda edición.
Una vez quedó establecido el nuevo reloj radiocarbónico, científicos universitarios y de centros de investigación de todo el mundo se unieron para estudiar este nuevo campo de investigación, montando sus propios laboratorios de datación. Hacia finales de 1968 había casi 100 laboratorios ocupados en ello, tal como se observa en la Tabla 1.

Se reconoció al C14 como herramienta muy valiosa para identificar la edad de depósitos culturales antiguos y de artefactos, así como para la datación de polen, árboles y vegetación enterrados, así como huesos y reliquias de todas clases procedentes del pasado.

Al mismo tiempo, todos los involucrados en el método reconocían que el método podía dar edades computables hasta solo 50.000 años antes de nuestra era, ya que la radiactividad de cualquier objeto anterior sería a duras penas detectable.

Con toda certeza, quedaba fuera del panorama la posibilidad de datar fósiles, materia petrificada, carbón, petróleo o huesos de hombres prehistóricos o de animales.

Utilizando premisas evolucionistas, los científicos han asignado a estos materiales edades muy superiores a los 100.000 años, y muchos de ellos dentro del campo de los millones de años.

Resumiendo, solamente se consideraba susceptible de datación el material procedente del Pleistoceno superior y del Holoceno. Era impensable obtener una datación de los estratos terciarios, y se esperaba con toda certeza que un gran número de especímenes daría edades «infinitas», o sea, demasiado antiguas para poderlas medir.

¿Cales han sido los resultados? En una sola palabra: ¡Asombrosos! Asombrosos para cualquier investigador con presuposiciones evolucionistas. Pero aún más asombrosas cuando se comparan con el registro bíblico, como veremos.

LISTA DE DIEZ HECHOS ASOMBROSOS

Empezando con el primer grupo de 200 dataciones publicadas por Libby en la primera edición, la lista ha crecido ahora, y hacia finales de 1969 incluye unas 15.000 dataciones de especímenes independientes de todas clases reunidas de todas las partes del mundo por los noventa y un laboratorios listados en la Tabla 1.

(La amplia distribución de estos especímenes por categoría y por geografía se da en las Tablas 2 y 3 del estudio).
Todas estas dataciones se publicaron, hasta el año 1958, en *Science*, y a continuación en la revista anual *Radiocarbon*, con amplios detalles del material sometido a ensayo y la localidad de origen de cada espécimen.

Recapitulando, el registro de las dataciones con radiocarbono es tan numeroso y amplio, en cuanto a épocas, localidades, y materiales ensayados, que ningún científico informado, ni ningún historiador ni educador ni editor, no importa cuán aferrados estén a las premisas evolucionistas, puede excusarse de examinarlo ni de dejar de considerar sus profundas implicaciones.

Después de considerar estas dataciones, y después de comprobar el material descriptivo, se pueden detectar por lo menos **diez hechos asombrosos:**

1. Prácticamente cada espécimen de material que vivió en el pasado ha sido datado dentro de los 50.000 años pasados. Muy pocos están datados hasta 60.000 y solamente tres —tres entre 15.000— se afirman como de edad «infinita»; estos tres son unos huevos de megápodos procedentes de una caverna de las islas Filipinas.

(*Nota*: Para apreciar plenamente el significado que esto tiene, debemos resaltar que si la geología Lyelliana y la escala evolucionista de «tiempo» fueran vidas, si la materia viviente se ha ido acumulando y muriendo sobre la tierra sobre supuestas vastas épocas de tiempo, entonces un muestreo mundial aleatorio de materia orgánica enterrada como el que nos ocupa ¡debería presentar 20.000 especímenes no datables por cada uno datable!

Suponemos el hecho de que muchos investigadores estaban efectuando sus búsquedas en antiguas culturas específicas, como la India, Maya, Babilonia, etc. No obstante, todas ellas están datadas dentro de 50.000 años *hasta la máxima profundidad de todos los depósitos.* La gran mayoría de muestras se relacionaba con vegetación, polen, turberas, árboles enterrados, arcilla fosilífera, muestras del fondo oceánico, huesos enterrados y yacimientos culturales de carbón vegetal —la *mayor parte* de las cuales debieran haber dado edad «infinita».

No obstante, ¡presentan una actividad radiocarbónica mensurable!)

2. Muestras en estratos identificados por el investigador como Pleistoceno, Plioceno, e incluso Eoceno (o sea, ¡de 50 millones de años de antigüedad para un evolucionista!), y la mayor parte de hallazgos identificados como Paleolítico, aparecen con edades inferiores a 40.000 años.

3. Incluso el carbón, petróleo, gas natural y lignito quedan datados dentro de los últimos 50.000 años. Sin embargo, ¡el período carbonífero aceptado que supuestamente produjo estos materiales fue hace 100.000.000!

4. De las edades más antiguas, la mayor parte pertenece a vegetación enterrada de todas clases.

5. Unos 22 especímenes datados son identificados como «fósiles», material semipetrificado, o material de capas fosilíferas.

6. Muchas de las dataciones son de flora y de fauna extintas, que hasta ahora se atribuían al Pleistoceno inferior y medio, tales como el mastodonte, milodonte, tigre-sable, etc. Casi todos han sido datados entre 10.000 y 30.000 años.

7. Muchos restos de hombres «prehistóricos» y artefactos correspondientes son datables dentro de los últimos 30.000 años, incluyendo casos como el Hombre de Neanderthal, el Hombre de Broken Hill, el Hombre de Florisbad, de Heidelberg, de Keilor y de Hotu. Además, ¡se arrojan dudas sobre las dataciones de entre dos y cuatro millones de antigüedad[66] atribuidas por Leakey *et al* a formas como el *Zinjanthropus* de Olduvai y el *Australopithecus* del Valle Omo![67],[68],[69]

8. Los depósitos de los fondos oceánicos y muestras extraídas de 14 metros de profundidad del fondo oceánico, que se supone contienen los detritos de las formas de vida más primitivas, están datados dentro de los últimos 40.000 años.

9. Los artefactos antiguos datados por arqueología (en Egipto, Siria, Irán, etc.) muestran por lo general que las dataciones radiocarbónicas son 500 años más recientes (según la referencia 48), confirmando la tendencia, hoy en día reconocida, de exageración por parte de los historiadores antiguos. (Beroso, Maneto, etc., N. del T.)

10. Las edades más antiguas de la cultura humana se hallan en el Oriente Medio, mientras que las dataciones «humanas» más antiguas en el Hemisferio Occidental son notablemente más recientes. Para sustanciar los dramáticos hallazgos de los apartados (3), (5), (6) y (7) anteriores, la Tabla 4 (*en el estudio original*) da la lista de 75 dataciones típicas de más de 220 que se han hallado en estas categorías específicas hasta la fecha.

Estos hechos ya han perturbado a algunos especialistas en geología evolucionista y en paleontología, como se comprueba por una típica afirmación en *Science* (Octubre, 1956): «A causa de las dataciones radiocarbónicas, todas las anteriores interpretaciones de historia lacustre del Pleistoceno, su profundidad y posición en la columna geológica, deberán ser revisadas» (p. 669).

Pero más perturbadores son aún los hechos que surgen de un análisis todavía más cuidadoso de toda esta gran recolección de datos.

Aquí tenemos ante nosotros, reunidas de todas las partes del globo y cubriendo casi todas las formas de vida ya fallecidas, un suficiente número de dataciones de muertes para aprender algo gracias a su distribución. Si se distribuyen por edad, por localidad y por tipo en conformidad a las indicaciones de algún antiguo registro histórico, no debería ser difícil confirmar o refutar el tal registro.

Consideremos como ejemplo una cronología basada en la Biblia (véase Tabla 5 *en el estudio original*). La Biblia describe una creación hace tan sólo unos 7.000 años, seguida al cabo de unos 2.000 años por una catástrofe de ámbito mundial que extinguió casi completamente al hombre, a los animales y a las aves de la faz de la tierra.

Ahora que tenemos un amplio muestreo de dataciones de muertes que nos llevan a los más primitivos principios del hombre, ¡seguramente que se podrá rechazar un documento tan extraño de manera definitiva! O... ¿Hay alguna posibilidad de que pueda tener corroboración?

APÉNDICE #3

Biografia de Charles Darwin[70]

La biografia de Charles Darwin comienza con su nacimiento el 12 de febrero de 1809 en Shrewsbury – Inglaterra.

Darwin era un Naturalista Británico que se hizo famoso por sus teorías de la **evolución y selección natural.**

Darwin creía que toda la vida en la Tierra evolucionó (se desarrolló gradualmente) por millones de años a partir de unos pocos ancestros comunes.

De 1.831 a 1.836 Darwin colaboró como naturalista a bordo del **H.M.S. Beagle** en una expedición científica británica alrededor del mundo.

En America del Sur Charles Darwin encontró fósiles de animales extintos que eran similares a las especies modernas.

En las islas Galápagos de Darwin en el Océano Pacifico (Noroeste de Sur America) el pudo notar **muchas variaciones** entre las plantas de Galápagos y animales del mismo tipo general a los encontrados en America del Sur.

La expedición visitó varios lugares alrededor del mundo, y Charles Darwin estudió las plantas y animales en todos los lugares visitados, recogiendo especies para estudios posteriores.

De acuerdo a la biografía de Charles Darwin podemos notar que desde su regreso a Londres él condujo un minucioso trabajo de investigación sobre sus notas y especimenes.

De su estudio nacieron varias teorías relacionadas:

- La evolución sí ocurrió
- El cambio evolucionario fue gradual, requiriendo de miles a millones de años
- El mecanismo principal para la evolución fue un proceso llamado **Selección Natural** y
- Las millones de especies que viven ahora surgieron de una sola forma de vida original a través de un proceso llamado **especialización**

La teoría de Darwin de selección evolucionaria sostiene que la variación entre las especies ocurre al azar y que la supervivencia o extinción de cada organismo esta determinado por la habilidad de dicho organismo a adaptarse a su medio ambiente.

El estableció estas teorías revolucionarias en su libro llamado **El Origen de las Especies (1,859).**

La teoría de la evolución de Charles Darwin está basada en cinco observaciones claves y las deducciones extraídas de las mismas.

Estas observaciones y deducciones son resumidas por el gran biólogo **Ernst Mayr** como siguen:

1) Las especies tienen gran fertilidad.

2) Las poblaciones permanecen aproximadamente del mismo tamaño, con modestas fluctuaciones.

3) Las provisiones alimenticias son limitadas, pero son relativamente constantes la mayor parte del tiempo.

De estas tres observaciones se puede deducir que en cierto ambiente habrá una lucha por la supervivencia entre individuos.

4) En la reproducción sexual, generalmente no dos individuos son idénticos. La variación es extensa.

5) Y, muchas de estas variaciones son heredadas. De esto se puede deducir que:

En un mundo de poblaciones estables en donde cada individuo debe luchar para sobrevivir, aquellos con las **mejores características** serán los que más probabilidades tengan de sobrevivir, y aquellos rasgos (o características) ventajosos serán pasados a sus crías.

Estas características ventajosas son heredadas por las siguientes generaciones, tornándose predominantes entre la población a través del tiempo.

Esto es Selección Natural.

Se puede inferir adicionalmente que la selección natural, si se la lleva lo suficientemente lejos, realice cambios en la población, eventualmente liderando a nuevas especies.

Estas observaciones han sido ampliamente demostradas en biología, y hasta los fósiles demuestran la veracidad de estas observaciones.

Teoría de la Evolución de Darwin

Variación: Existe una variación en cada población.

Competición: Los organismos compiten por recursos limitados.

Procreación: Los organismos procrean más de lo que pueden vivir.

Genética: Los organismos traspasan rasgos genéticos a sus crías.

Selección Natural: Aquellos organismos con los rasgos más beneficiosos son más probables que sobrevivan y se reproduzcan.

Después de la publicación del origen de las Especies, la biografía de Charles Darwin nos indica que él continuó escribiendo acerca de botánica, geología y zoología hasta su muerte en 1.882.

Está enterrado en Westminster Abbey, Inglaterra.

APÉNDICE # 4

La Manifestación del Amor.

Hay una fuerza que mueve la humanidad. Es más poderosa que la electricidad, conquista más que el dinero; y atrae más que la gravedad.

Es la fuerza del Amor

Procede de la fuente primaria de todas las cosas: Dios. Su Palabra nos dice que Dios quiere mostrar Su amor a cada persona. Esto lo incluye a USTED. Él le dice:

> "Le atraeré con cuerdas de amor" (Oseas 11:4)

Estas cuerdas hablan de un sacrificio, por amor, para poder salvarle a USTED.

Quizás sus caminos están lejos de Dios; sin embargo, Él le busca para salvarle, bendecirle, prosperarle; y sobre todo, para tener comunión con usted.

> "Porque de tal manera amó Dios al mundo, que ha dado a su Hijo unigénito, para que todo aquel que en él cree, no se pierda más tenga vida eterna." (Juan 3:16)

> "Mas Dios muestra su amor para con nosotros, en que siendo aún pecadores, Cristo murió por nosotros."(Romanos 5:8)

Acérquese a Dios. Él es su creador. Déjele que le salve. No resista al llamado de su amor. Es muy fácil recibir el perdón de Dios, porque ya Cristo pagó el precio que Dios exigía

Cumpla usted ahora con su parte:

a) Reconozca que es pecador. Que no ha vivido perfectamente delante de Dios.

b) Arrepiéntase sinceramente de vivir apartado de Dios.

c) Pídale perdón de todo corazón por todos sus pecados.

d) Reciba la gracia de Dios en su vida, la salvación de su alma, confesando a Cristo Jesús como su Señor y Salvador.

e) Aprenda a vivir conforme a la voluntad de Dios. Para esto, es necesario que aprenda a hablar con Dios (orar); Aprenda lo que Dios desea que usted sepa (lea la Biblia, congréguese en una iglesia donde se predique y enseñe la Palabra de Dios).

f) Comparta con otros el amor que ha recibido.

Dice El Señor:

> "Venid luego, dice Jehová, y estemos a cuenta: si vuestros pecados fueren como la grana, como la nieve serán emblanquecidos; si fueren rojos como el carmesí, vendrán a ser como blanca lana" (Isaías 1: 18)
>
> "Que si confesares con tu boca que Jesús es el Señor, y creyeres en tu corazón que Dios le levantó de los muertos, serás salvo." (Romanos10:9)
>
> "Si confesamos nuestros pecados, él es fiel y justo para perdonar nuestros pecados, y limpiarnos de toda maldad" (1 Juan 1:9)
>
> "Y la sangre de Jesucristo su Hijo nos limpia de todo pecado." (1 Juan 1:7b)

Ora a Dios, pídele perdón por todos tus pecados y recibe su gracia y amor.

APÉNDICE # 5

Sus hijos y la evolución

Sugerencias para padres Cristianos[1]
Por: Geoff Chapman
February 25, 2008

Seamos honestos. En la historia de la ropa nueva del rey, fue un niño el que reconoció que el rey no tenía ropa puesta. Aún si los padres de familia no tienen la valentía para reconocerlo, *los niños reconocen rápidamente que la evolución contradice la Biblia y socava la fe Cristiana.*

¿Cómo pueden los padres animar a sus hijos a compartir la fe y mantener su confianza en la Biblia? Les sugiero las siguientes actividades:

Enseñe a sus hijos sobre la Creación desde pequeños. Lean la narración Bíblica una y otra vez hasta que lo tengan memorizado.

Léales acerca de las criaturas maravillosas de Dios en libros ilustrados, pero asegúrese que no tengan enseñanzas anti-Bíblicas como la evolución teísta, creación progresiva, teoría de la brecha, entre otras.

Evite los libros que se dicen ser "Cristianos" pero que empiezan con el mundo como una *bola derretida*, o que incluyen *'millones de años'*.

Infunda en sus hijos un sentido de maravilla hacia la grandeza y magnificencia de lo que Dios ha hecho (recordando que el mundo que vemos el día de hoy ha sido afectado por la Maldición).

Cuando salga al campo, o aún en el jardín, muéstreles las maravillas que pueden ser observadas.

Enséñeles lo que Génesis habla acerca de las aves, los murciélagos, los insectos voladores, y constantemente recuérdeles que *Dios hizo que las aves vuelen el 5º día.* Sáquelos en la noche y muéstreles la luna que Dios hizo *en el cuarto día.*

Muéstreles los patrones detallados en las hojas *y recuérdeles una y otra vez qué tan absurdo* es sugerir que tales patrones tan bellos sucedieran accidentalmente.

Enséñele a su hijo las falsedades de la evolución **antes** de que se las enseñen en la escuela. Asegúrese como padre, saber los errores en la teoría evolucionista.

Para hacer esto, necesita esforzarse y estudiar muy bien libros sobre el tema. Después se tendrá que esforzar enseñándoles estos hechos a lo largo de su educación en su hogar.

Como los dinosaurios se utilizan comúnmente, aún en preescolar, para introducir a los niños a la evolución, recuérdeles que los dinosaurios terrestres fueron hechos *el 6º día* de la Creación (y otras criaturas dinosaurescas como el Pleisosaurio, en el 5º Día).

Infórmeles de las evidencias sobre los dinosaurios que vivieron con las personas, sobre los tallados en piedra encontrados, y de las leyendas de los dragones. Siempre esté listo para señalar cuando un comentador está hablando de evolución.

Anímelos a entristecerse por el hecho que tanta gente cree lo que no es verdad y substituyen el azar por los maravillosos regalos de Dios.

Anime a sus hijos a estudiar la evidencia real por ellos mismos. Llévelos a lugares donde puedan encontrar fósiles y explique como los fósiles usualmente son formados al ser sepultados rápidamente en sedimento.

Explíqueles cómo el Diluvio en Génesis proveyó las condiciones perfectas para la formación de millones de fósiles alrededor de toda la Tierra.

Señale que los fósiles en las rocas sedimentarias no muestran que las rocas hayan sido formadas lentamente ni que la Tierra sea antigua. Al contrario, indican procesos rápidos y por lo mismo *una catástrofe reciente por agua* como lo enseña en la Biblia.

Menciónele que los animales que mueren hoy probablemente no se formen en fósiles, ya que esto no sucede diariamente.

Finalmente, explíqueles en detalle por qué hay sufrimiento y crueldad en el mundo. Dígales de dónde viene la muerte y su significado.

Preséntelees cómo Dios formó un mundo perfecto pero que el pecado de Adán echó a perder esa perfección y trajo muerte y descomposición a la Tierra.

Dígales que Adán fue castigado con la maldición de muerte, y que el Dios de la Creación sabía que Él mismo vendría en la forma de Jesucristo, el postrer Adán, para sufrir Él mismo la misma maldición de la muerte.

Entonces, todos los que acepten el sacrificio del pecado tendrán perdón y podrán tener la esperanza de la vida eterna.

Explique que para su muerte y resurrección, Jesús restauró una relación con Dios que estaba rota, y que al final de los tiempos, Dios crearía un cielo nuevo y una tierra nueva — una creación completamente restaurada en la que todos los que realmente le amen podrán compartir en paz y armonía.

Bibliografía

Albalat, Indalecio Gil. ¿A Dónde va la Tierra?. Editorial CLIe. España. 1990

Animal Pharming: The Industrialization of Transgenic Animals. December 1999. Center for Emerging Issues.

Astakhoff, Saloff. Origen y Destino del Planeta Tierra. Editorial CLIE. España. 1983.

"El Ciclo Hidrológico (Panfleto), U.S. Geological Survey, 1984"

Ferrell, Vance. The Evolution HandBook. Evolution. Facts Inc. USA. 2005

Figueroa, Rocío A. La verdad y el conocimiento científico. Editorial FIGARO. 2007

Freeman, Scott; Herron, Jon. Análisis Evolutivo. Segunda Edición. Prentice Hall, Madrid, España. 2002

Gish, Duane T. Creación, Evolución y el Registro Fósil. Libros CLIE. España. 1988

Huse, Scott M. El Colapso de la Evolución. Chick Publications. USA. 1993

Kupelian, David. The marketing of the evil. Cumberland House Publishing, Inc. 2005

Lester, Lane P. & Hefley, James C. Clonación Humana. Editorial Portavoz. USA. 2000

Mathews, Van Holde & Ahern. Bioquímica. Tercera Edición. Pearson Educación, S.A., Madrid, España. 2002.

McKee Trudy and McKee James. Bioquímica. La base molecular de la vida. Tercera Edición. McGraw Hill Interamericana de España. SAV

McDowell, Josh. Evidencia que exige un veredicto. 10ma. Impresión. Editorial Vida. 1995.

Morris, H.M. Geología, ¿Actualismo o Diluvialismo?. Libros CLIE. España. 1983

Muñoz, Nahum. Génesis, Desde la Creación hasta Abraham. Trinity Church Int'l. USA. 2000

Ouweneel, Willem. Biología y Orígenes. Editorial CLIE. España. 1989

Ross, Hugh. El Creador y el Cosmos. Editorial Mundo Hispano. USA. 1999

Se descubrió que No somos tan parecidos al chimpancé. Gaceta Universitaria. Ciencia y Tecnología. González de Alba, Luis.

Solomon, Eldra; Berg, Linda; y Martin, Diana. Biología. McGraw Hill Int'l. 2001

Starr, Cecie & Taggart, Ralph. Biología. La unidad y diversidad de la vidad. Décima edición. Internacional Thomson Editores, S.A. 2004

Vila, Samuel. A Dios por el Átomo. Editorial CLIE. España. 1987

Antonio Pardo. Departamento de Humanidades Biomédicas; Facultad de Medicina, Universidad de Navarra, Pamplona. SCRIPTA THEOLOGICA 39 (2007/2) 551-572. ISSN 0036-9764

Páginas Web

ADN Y GENETICA. http://aula2.elmundo.es/aula/laminas/lamina1170929412.pdf

Cazau, Pablo. La Teoría del Caos. 2002 http://www.antroposmoderno.com/antro-articulo.php?id_articulo=152

Chapman, Geoff. Sus hijos y la evolución. Sugerencias para padres Cristianos. February 25, 2008. www.answersingenesis.org/sp/articles/cm/v6/n4/evolution

Charles Darwin y El origen de las especies http://redescolar.ilce.edu.mx/redescolar/act_permanentes/historia/histdeltiempo/mundo/prehis/t_teoesp.htm

Ciencia, Evolución o Creación. http://www.slideshare.net/Jonshuan/ciencia-evolucion-o-creacion

Creación o evolución ¿Importa realmente lo que creamos? publicación de la Iglesia de Dios Unida, ESTADOS UNIDOSP.O. Box 541027Cincinnati, OH 45254-1027Sitio en Internet: www.ucg.org

CREACIÓN VERSUS EVOLUCIÓN. http://home.coqui.net/apoc7/AR-Creacion-Evolucion.htm

Creacionismo vs. Evolucionismo. http://members.tripod.com/~Seresma/Spanish_CvsE.html
Crean ratón con un cromosoma humano. http://axxon.com.ar/not/154/c-1540237.htm

Creationism 'no place in schools' http://news.bbc.co.uk/1/hi/education/4896652.stm

CROMOSOMAS http://www.iqb.es/cancer/g006.htm
Datos interesantes del ADN

Descifran cromosoma 22 del chimpancé
El Tiempo. Mayo 27 de 2004.
http://www.abacolombia.org.co/postnuke/modules.php?op=modload&name=News&file=article&sid=269

Descripción general del sistema vascular. http://www.healthsystem.virginia.edu/uvahealth/adult_cardiac_sp/overvasc.cfm

Dióxido de Carbono y Metabolismo. http://homepage.mac.com/uriarte/metabolismo.html&h=353&w=633&sz=44&hl=en&start=2&um=1&usg=__GJzroUCi2_kgMqUwRG1oX93w0Uo=&tbnid=E3M3T

El ADN y los seres humanos. http://eleccionesdominicanas.com/2008/04/02/politica-conciencia-y-autenticidad/1561/Publicado el 2-04-2008 por José R. Bourget Tactuk

El contenido del semen http://www.sexologia.com/index.asp?pagina=http://www.sexologia.com/articulos/semen/elsemen.htm

El cromosoma 21: Anotación funcional. http://www.down21.org/salud/genetica/cromosoma21.htm

El genoma de la gallina. http://waste.ideal.es/genoma-gallina.htm

El genoma del ratón, la clave de la investigación biomédica. http://waste.ideal.es/genoma-raton.htm

El Gran Colisionador De Hadrones LHC (jananet) http://www.slideshare.net/jananet/hadrones-presentation/

El juicio del mono. www.tecnociencia.org/n/380/juicio-mono/&h=149&w=190&sz=9&hl=en&start=12&um=1&tbnid=dr_BY7-UNUM8CM:&tbnh=81&tbnw=103&prev=/images%3Fq%3Djuicio%2Bdel%2Bmono%26um%3D1%26hl%3Den%26rlz%3D1T4GZHZ_enUS223US224%26sa%3DN

El Misterio de los Dinosaurios por fin revelado. http://www.antesdelfin.com/misteriodinosaurios.html

EL ORIGEN DE LA VISIÓN.
http://www.uam.es/personal_pdi/psicologia/travieso/web_percepcion/sistemav.html&h=240&w=384&sz=74&hl=en&start=7&um=1&usg=__HfL7PyckeJmu6QpX2WTgTFnmox8=&tbnid=zqUEkpImUd4IzM:&tbnh=77&tbnw=123&prev=/images%3Fq%3Dojo%2BESCLEROTICA%26um%3D1%26hl%3Den%26rlz%3D1T4GZHZ_enUS223US224%26sa%3DN

El Sistema Nervioso central
http://www.monografias.com/trabajos11/sisne/sisne.shtml

El sistema reproductivo de la mujer.
http://www.educasexo.com/files/media/2-aparato-reproductor-masculino.jpg&imgrefurl=http://www.educasexo.com/adolescentes/el-sistema-reproductivo-del-hombre.html&h=345&w=275&sz=42&hl=en&start=15&um=1&usg=__HF5VjH2IUMSiniZxnWvvyb3EDgM=&tbnid=kcy_M7WxyrxQ8M:&tbnh=120&tbnw=96&prev=/images%3Fq%3Dsistema%2Breproductivo%26um%3D1%26hl%3Den%26safe%3Doff%26rlz%3D1T4GZHZ_enUS223US224%26sa%3DN

El sistema reproductivo del hombre.
http://www.educasexo.com/adolescentes/el-sistema-reproductivo-del-hombre.html&h=345&w=275&sz=42&hl=en&start=15&um=1&usg=__HF5VjH2IUMSiniZxnWvvyb3EDgM=&tbnid=kcy_M7WxyrxQ8M:&tbnh=120&tbnw=96&prev=/images%3Fq%3Dsistema%2

Ensayo sobre la Teoría del Caos y la visión de Dee Hock.

http://www.monografias.com/trabajos13/caos/caos.shtml

ESTRUCTURA Y COMPOSICIÓN DE LA MATERIA. http://hnncbiol.blogspot.com/2008/01/el-estado-en-que-se-encuentra-la_3800.html

Evolution isn't enough, professor says. http://www.msnbc.msn.com/id/9729036/

Evolution Less Accepted in U.S. Than Other Western Countries, Study Finds http://news.nationalgeographic.com/news/bigphotos/21329204.html
Evolution: Facts, Fallacies and Implications http://www.thercg.org/books/effai.html?cid=g0207&s_kwcid=proofs%20of%20evolution|951159121&gclid=CJawjP2ej5ECFQ2nGgod622EGQ
EXPLORING EVOLUTION http://science.nsta.org/enewsletter/2003-11/member_high.htm

FISIÓN NUCLEAR http://erenovable.com/2006/06/01/fision-nuclear/
FUNDAMENTOS DE TERMODINAMICA Y TERMOQUIMICA Marzo 15, 2008 — Juan José

Gallinas y humanos comparten un 60% de sus genes http://www.elpais.com/articulo/sociedad/Gallinas/humanos/comparten/genes/elpepusoc/20041208elpepusoc_5/Tes

Genoma Humano
http://www.monografias.com/especiales/genoma/index.shtml

Hombre y chimpancé 96% de ADN parecido
http://www.terra.com.mx/articulo.aspx?articuloid=169220&paginaid=1
http://labquimica.wordpress.com/2008/03/15/fundamentos-de-termodinamica-y-termoquimica/&h=367&w=566&sz=29&hl=en&start=92&um=1&usg=__vI8kPRrNVuWKhy3DB_VmgbXnLdg=&tbnid=JDRlJ6Gx93wW3M:&tbnh=87&tbnw=134&prev=/images%3Fq%3Dlas%2Bleyes%2Bde%2Bla%2BTermodin%25C3%25A1mica%26start%3D80%26ndsp%3D20%26um%3D1%26hl%3Den%26rls%3Dcom.microsoft:en-us:IE-SearchBox%26rlz%3D1I7GZHZ%26sa%3DN

Kukso, Federico . Biografía no autorizada del gusano más famoso (y menos reconocido) de la ciencia
http://www.nacionapache.com.ar/archives/1540

La Biblia By Matthew J. Slick
http://www.lasperseveradoras.org/es/verdadesbiblicas/LaBiblia/AcercadelaBiblia.cfm

La Clonación: de los animales al hombre
http://www.todo-ciencia.com/reportaje/0i34158700d990138942.php

La secuencia del genoma del chimpancé muestra que comparte un 96% con el humano
http://www.elmundo.es/elmundosalud/2005/08/31/biociencia/1125506184.html

Leyes de la Probabilidad
http://www.uaq.mx/matematicas/estadisticas/xu4.html#t4

Lo esencial está en los genes
http://waste.ideal.es/genesevolucion.htm

Mapa Genético Humano: Genoma
http://www.bolivia.com/especiales2003/genoma/notas/gl
osario.asp

MENSAJE DEL SANTO PADRE JUAN PABLO II
A LOS MIEMBROS DE LA ACADEMIA
PONTIFICIA DE CIENCIAS
http://www.vatican.va/holy_father/john_paul_ii/message
s/pont_messages/1996/documents/hf_jp-
ii_mes_19961022_evoluzione_sp.html

National Science Teachers Association.
Nociones básicas de Citología: La
mitosis celularhttp://permian.wordpress.com/2008/08/13
/nociones-basicas-de-citologia-la-mitosis-
celular/&h=489&w=614&sz=64&hl=en&start=8&um=
1&usg=__ATEw5EGlHz4_6k90Uzt58Q8hzGo=&tbnid
=E5bGO-
7GeUtDIM:&tbnh=108&tbnw=136&prev=/images%3F
q%3Dmaterial%2Bgen%25C3%25A9tico%26um%3D1
%26hl%3Den%26safe

PEIRCE Y LA TEORÍA DEL CAOS. McNabb, Darin
Costa Instituto de Filosofía, Universidad Veracruzana,
México dcosta@uv.mx

Poll: Majority Reject Evolution
http://www.cbsnews.com/stories/2005/10/22/opinion/polls/main965223_page2.shtml

Pope criticizes atheism, modern Christianity, in encyclical on hope
http://www.iht.com/articles/ap/2007/11/30/europe/EU-GEN-Vatican-Encyclical.php?WT.mc_id=rsseurope

http://ga.water.usgs.gov/edu/watercyclespanish.html

Powell, Jacqueline Melissa. EVOLUTION EXPOSED! OPPOSING SCIENCE AND SCRIPTURE. May 1994. A Research Paper Presented to The Faculty of the English Department Tabernacle Baptist Bible College

PROBLEMAS CIENTIFICOS CON LA TEORIA DE LA EVOLUCION DE LAS ESPECIES
http://www.antesdelfin.com/problemasdelaevolucion.html

Problemas Con La Macro-evolución
http://www.iglesiabautista.org/articulos/view/?id=24

Prohíben teorías de Darwin en Serbia
http://www.elsiglodetorreon.com.mx/noticia/109552.prohiben-teorias-de-darwin-en-serbia.html

Questions and Answers on the teaching of Evolution.
www.nsta.org/pdfs/EvolutionQandA.pdf

Second Law of Thermodynamics - Does this basic law of nature prevent Evolution?

http://www.christiananswers.net/q-eden/edn-thermodynamics.html

Semen http://es.wikipedia.org/wiki/Semen

Shisher, Harold S. y Whitelaw, Robert L. Las Dataciones Radiométricas-CRITICA-. Libros CLIE. España. 1980

Sistema endocrino http://www.profesorenlinea.cl/imagenciencias/sistemaendocrino002.jpg&imgrefurl=http://www.profesorenlinea.cl/Ciencias/sistemaEndocrino.htm&h=401&w=534&sz=86&hl=en&start=5&um=1&usg=__HyfojybbLyG-

Termodinámica http://www.jfinternational.com/mf/termodinamica.html

Termodinámica http://www.monografias.com/trabajos/termodinamica/termodinamica.shtml

Vélez, Antonio. Ed. Univ.de Antioquia, Medellín,1994. http://lloro.galeon.com/E%20V%20O%20L%20U%20C%20I%20O%20N.htm

http://www.escolar.com/cnat/08GRANDE.gif&imgrefurl=http://www.escolar.com/cnat/08sisnerv.htm&usg=__Okn05e-AEmg6hXY4plfplBobRNY=&h=354&w=293&sz=30&hl=en&start=5&um=1&tbnid=pOO3FVQg0kuUnM:&tbnh=121&tbnw=100&prev=/images%3Fq%3Dsistema%2Bnervioso%26um%3D1%26hl%3Den%26rlz%3D1T4GZHZ_enUS223US224%26sa%3DN

http://www.secundariasgenerales.tamaulipas.gob.mx/Anatom%25EDa/sistema%2520muscular.jpg&imgrefurl=http://www.secundariasgenerales.tamaulipas.gob.mx/Anatom%25EDa/muscular.htm&usg=__ZdGBRgUjouz-FOkjuh_BycUQ6es=&h=441&w=640&sz=130&hl=en&start=22&um=1&tbnid=dgLjh6RNsgiCwM:&tbnh=94&tbnw=137&prev=/images%3Fq%3Dsistema%2Bmuscular%26start%3D20%26ndsp%3D20%26um%3D1%26hl%3Den%26rlz%3D1T4GZHZ_enUS223US224%26sa%3DN

http://medlineplus.gov/

http://upload.wikimedia.org/wikipedia/commons/thumb/d/df/Esqueleto_humano_(vista_frontal).svg/311px-Esqueleto_humano_(vista_frontal).svg.png&imgrefurl=http://commons.wikimedia.org/wiki/Image:Esqueleto_humano_(vista_frontal).svg&h=599&w=311&sz=102&tbnid=xjJzN_Woub0J::&tbnh=135&tbnw=70&prev=/images%3Fq%3Desqueleto%2Bhumano&usg=__1ZIm30OSczEElubW57CNVVGF1mw=&sa=X&oi=image_result&resnum=1&ct=image&cd=1

http://mx.encarta.msn.com/media_461547449_761560628_-1_1/Sistema_nervioso_aut%25C3%25B3nomo_o_vegetativo.html&usg=__yu06lANl4kunt28Bd3TRgyb0rOs=&h=328&w=556&sz=28&hl=en&start=18&um=1&tbnid=ShbL2IlUpOCteM:&tbnh=78&tbnw=133&prev=/images%3Fq%3Dsistema%2Bnervioso%2Bperiferico%26um%3D1%26hl%3Den%26rlz%3D1T4GZHZ_enUS223US224

http://www.secundariasgenerales.tamaulipas.gob.mx/Anatom%25EDa/sistema%2520hormonal.jpg&imgrefurl=http://www.secundariasgenerales.tamaulipas.gob.mx/Anatom%25EDa/endocrino.htm&usg=__JCx2sooN8KEnLd4bnBEm3e03xiQ=&h=441&w=640&sz=162&hl=en&start=1&um=1&tbnid=U9K5rvR9-Prn-M:&tbnh=94&tbnw=137&prev=/images%3Fq%3Dsistema%2Bhormonal%26um%3D1%26hl%3Den%26rlz%3D1T4GZHZ_enUS223US224

http://2.bp.blogspot.com/_8NtbI0QpLkw/SLAqO0lUGlI/AAAAAAAAACU/IkyFrt2_LTM/s200/fecundacion-NTnva.jpg&imgrefurl=http://bioeticaylibros.blogspot.com/&usg=__p9_Mcz8Uh7RmqpY5uYtVKiOp4q4=&h=146&w=200&sz=9&hl=en&start=87&um=1&tbnid=jXit-7NMI_KxPM:&tbnh=76&tbnw=104&prev=/images%3Fq%3Dfecundacion%2Besperma%2Bcantidad%26start%3D80%26ndsp%3D20%26um%3D1%26hl%3Den%26rlz%3D1T4GZHZ_enUS223US224%26sa%3DN

http://www.thefreedictionary.com/interpretational

Referencias:

[1] Todas las citas bíblicas serán tomadas de la versión **Reina-Valera 1960**. Cuando se use otra versión, se indicará la fuente de la misma.

[2] Atheists to celebrate at Darwin Day in Coconut Creek. BY LOIS K. SOLOMON | South Florida Sun-Sentinel http://www.sun-sentinel.com/news/local/broward/sfl-flbdarwinday0204brfeb04,0,5555923.story

[3] Educators say evolution still 'theory'. Panel had asked state board to teach ideas as fact http://www.wnd.com/index.php?fa=PAGE.view&pageId=56830

[4] Dibujo de: http://www.mycustomscrubs.com/prints/dinosaurs.jpg

[5] Imagen de: http://www.yoism.org/images/BigBang2.JPG

[6] http://www.slideshare.net/jananet/hadrones-presentation/

[7] http://www.astrored.net/origen_del_universo/

[8] *VER: evolutionibus.eresmas.net/ciencia.html*

[9] Solomon, Eldra; Berg, Linda; Martin, Diana. BIOLOGIA. McGraw Hill Internacional. 2001. Página 374

[10] http://es.wikipedia.org/wiki/Telescopio

[11] http://es.wikipedia.org/wiki/Telescopio_espacial_Hubble

[12] www.20minutos.es/noticia/151526/0/papa/teoria/evolucion

[13] http://www.vatican.va/holy_father/benedict_xvi/homilies/2005/documents/hf_ben-xvi_hom_20050424_inizio-pontificato_sp.html

[14] latino.msn.com/noticias/articles/ArticlePage.aspx?cp-documentid=10609007

[15] www.clarin.com/diario/2005/08/03/elmundo/i-02601.htm

[16] http://evolutionibus.eresmas.net/ciencia.html

[17] **Folleto**: ¿Creación o evolución? ¿Importa realmente lo que tú crees? S-CE/**05-2005**/1.0 (pág. 5)
Iglesia de Dios Unida. U*na Asociación Internacional.*
www.ucg.org

[18] Op. Cit. Pág. 1

[19] Op. Cit. Pág. 2; William Federer, America's God and Country ["El Dios y el país de los Estados Unidos"], 1996, p. 61.

[20] Op. Cit. Pág. 5

[21] http://www.scoop.co.nz/stories/HL0803/S00051.htm

[22]Antonio Pardo. Departamento de Humanidades Biomédicas; Facultad de Medicina, Universidad de Navarra, Pamplona. SCRIPTA THEOLOGICA 39 (2007/2) 551-572 .ISSN 0036-9764

[23] **Dennis O'Neil, Early *Theories of evolution***

[24] Tarr-Taggart. Biología. 10ma. Edic. Pagina 11

[25] I.L. Cohen, *Darwin Was Wrong A Study in Probabilities* (P.O. Box 231, Greenvale, New York 11548: New Research Publications, Inc., 1984), p. 205.

[26] Mathematician Emil Borel agrees that the laws of probability demonstrate that: *"Events whose probabilities are extremely small never occur."*

[27] A.J. White, "Uniformitarianism, Probability and Evolution," *Creation Research Society Quarterly*, Vol. 9, No. 1 (June 1972), pp. 32-37.

[28] Fred Hoyle and N. Chandra Wickramasinghe, Evolution from Space (Aldine House, 33 Welbeck Street, London W1M 8LX: J.M. Dent & Sons, 1981), p. 148, 24, 150, 30, 31

[29] McKee Trudy and McKee James. Bioquímica. La base molecular de la vida. Tercera Edición. McGraw Hill Interamericana de España. SAV

[30] Puedes leer todos los pormenores del estudio: "PROBLEMAS CIENTIFICOS CON LA TEORIA DE LA EVOLUCION DE LAS ESPECIES" en www.antesdelfin.com/problemasdelaevolucion.html

[31] Robert Shapiro, (Ph.D.), Origins: A Skeptics Guide to Creation of Life on Earth (Simon & Schuster, 1986), pp.98-117.

[32] Charles Thaxton (Ph.D. Chemistry), Walter Bradley (PhD. Material Science), Roger Olsen (Ph.D. Geochemistry), The Mystery of Life's Origins: Reassessing Current Theories (New York: Philosophical Library, 1984), p.66.

[33] p. 292, first paragraph of Chapter 9, "On the Imperfection of the Geologic Record", of The Origin of Species.

[34] David Raup (Ph.D. Harvard University), "Conflicts Between Darwin and Paleontology", Field Museum of Natural History, Vol. 50, No. 1 (January 1979) p.22.

[35] Fred Hoyle and C. Wickramasinghe, Evolution >From Space (London: J.M. Dent & Sons, 1981), p. 8,70.

[36] Fred Hoyle and C. Wickramasinghe, Evolution >From Space. pp. 148,24,150,30,31

[37] Hubert Yockey, Ph.D., Information Theory and Molecular Biology, (Cambridge University Press, 1992), p.257.

[38] Francis Crick and L.E. Orgel (1973), "Directed Panspermia", Icarus, 19: 341-346.

[39] Michael Denton, Evolution, pp.326-328.
[40] H.J. Muller, "How Radiation Changes the Genetic Constitution", Bulletin of the Atomic Scientists Vol.11, No.9 (November 1955), p.331 (emphasis added).

[41] Pierre Paul Grasse, PhD., Evolution of Living Organisms (New York: Academic Press, 1977) pp.88,103.

[42] McKee Trudy and McKee James. Bioquímica. La base molecular de la vida. Tercera Edición. McGraw Hill Interamericana de España. SAV. Pag. 1

[43] www.elnuevoherald.com/noticias/sur-de-la-florida/story/162781.html

[44] Adaptado de: http://www.secundariasgenerales.tamaulipas.gob.mx/

[45] Adaptado de: http://www.escolar.com/

[46] Adaptado de www.healthsystem.virginia.edu/uvahealth/adult_cardiac_sp/overvasc.cfm

[47] http://www.iglesiabautista.org/articulos/view/?id=24

[48] Imagen tomada de: www.humorfeminista.com

[49] http://news.bbc.co.uk/hi/spanish/science/newsid_6124000/6124174.stm

[50] Animal Pharming: The Industrialization of Transgenic Animals December 1999

[51] http://waste.ideal.es/genoma-gallina.htm

[52] www.clarin.com/diario/2007/01/14/um/m-01345070.htm

[53] www.absurddiari.com/s/llegir.php?llegir=llegir&ref=7903

[54] CLONACIÓN, RECORRIDO CRONOLÓGICO por Javier de Rios Briz. http://www.todo-ciencia.com/reportaje/0i34158700d990138942.php

[55] (Creation and Evolution: Rethinking the Evidence From Science and the Bible, 1985, p. 80). ("La creación y la evolución: Nuevo análisis de los hechos de la ciencia y de la Biblia")

[56] Starr-Taggart. "Biología, la unidad y diversidad de la vida" 10ma. Edición. Editorial Thomson, Página 15

[57] Creación o Evolución. ¿Importa realmente lo que creamos? Iglesia de Dios Unida. ESTADOS UNIDOS P.O. Box 541027Cincinnati, OH 45254-1027Sitio en Internet: www.ucg.org

[58] Op. Cit. Pag. 27

[59] www.elsiglodetorreon.com.mx/noticia/109552.prohiben-teorias-de-darwin-en-serbia.html

[60] **Tomado de:** La Biblia, By Matthew J. Slick 1998, 2000. MINISTERIO DE APOLOGETICA

[61] LA SINGULARIDAD DE LA BIBLIA. Recopilado por Damián, USA.

[62] Análisis más recientes dan 5.730 años como mejor «vida media», lo que representa un error de sólo un 3 %.

[63] 16,2 en conchas marinas, y 15,3 en vegetación y tejidos vivientes, debido a la diferente relación de C12/C14 en cada grupo.

[64] W. F. Libby (1952). *Radiocarbon dating.* University of Chicago Press, 1st edition. Publicado en castellano, *Datación Radiocarbónica* (Ed. Labor, Barcelona, 1970).

[65] *Ibid.* (1955), 2nd ed, (con una lista ampliada de dataciones mediante C14 en el capítulo 6, y la adición del capítulo 7 por F. Johnson, titulado: «Reflections upon the significance of radiocarbon dates»).

[66] Véase *Crítica de las Dataciones Radiométricas,* de H. S. Slusher, Colección Creación y Ciencia nº 3 (SEDIN/Clie, Terrassa, España 1980).

[67] L. S. B. Leakey (1959). A new fossil skull from Olduvai, *Nature,* 184:491.

[68] F. C. Howell, 1969. Remains of hominidae from pliocene and pleistocene formations in the lower Omo basin, Ethiopia, *Nature*, 223:1234.

[69] *Datelines in Science.* November 7, 1969, 1,5 million years are added to early hominids' age. Véase también *Datelines in Science.* september 17, 1967, sobre el cráneo de la Garganta de Olduvai de la Referencia 5.

[70] http://www.galapagos-islands-tourguide.com/biografia-de-charles-darwin.html

[71]

http://www.answersingenesis.org/sp/articles/cm/v6/n4/evolution